U0139481

若水文库

她说，说她
Her voice, her story

FED UP

Emotional Labor, Women,
and the Way Forward

她们不是唠叨，只是受够了

[美] 杰玛·哈特莉 著　　　　洪慧芳 译

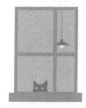  

不被看见的情绪劳动

新 星 出 版 社　NEW STAR PRESS

FED UP: Emotional Labor, Women, And The Way Forward
Copyright © 2018 by Gemma Hartley
Published by arrangement with Park & Fine Literary and Media, through
The Grayhawk Agency Ltd.
Simplified Chinese Translation copyright © 2023 New Star Press Co., Ltd.
All Rights Reserved.

著作版权合同登记号：01-2023-3599

图书在版编目（CIP）数据

她们不是唠叨，只是受够了：不被看见的情绪劳动 / （美）杰玛·哈特莉
著；洪慧芳译 . —— 北京：新星出版社，2023.9（2023.9 重印）
ISBN 978-7-5133-5255-0

Ⅰ . ①她… Ⅱ . ①杰… ②洪… Ⅲ . ①女性 - 情绪 - 自我控制 - 通俗读物
Ⅳ . ① B842.6-49

中国国家版本馆 CIP 数据核字 (2023) 第 118665 号

若水文库

她们不是唠叨，只是受够了：不被看见的情绪劳动

[美] 杰玛·哈特莉 著；洪慧芳 译

责任编辑 白华召

责任校对 刘 义

责任印制 李珊珊

封面设计 冷暖儿

出 版 人 马汝军

出版发行 新星出版社
（北京市西城区车公庄大街丙 3 号楼 8001 100044）

网 址 www.newstarpress.com

法律顾问 北京市岳成律师事务所

印 刷 北京美图印务有限公司

开 本 910mm × 1230mm 1/32

印 张 8.5

字 数 177 千字

版 次 2023 年 9 月第 1 版 2023 年 9 月第 2 次印刷

书 号 ISBN 978-7-5133-5255-0

定 价 58.00 元

谨献给卢卡斯、艾弗丽、托马斯

目　录

前言　不被看见的劳动永远没完没了　/　1

第一部分　家中无所不在的情绪劳动

第一章　我们怎么会落到这步田地？/ 27

第二章　母职让情绪劳动升级 / 52

第三章　谁在乎？/ 68

第四章　你可以想要更多 / 86

第五章　我们做了什么以及为什么而做 / 99

第二部分　社会与职场中的情绪劳动

第六章　到底是谁的工作？/ 117

第七章　温暖微笑背后的冷酷现实 / 137

第八章　太情绪化而无法领导？/ 153

第九章　沉默的代价 / 165

第十章　你有必要包揽一切吗？ / 179

第三部分　往更平衡的男女之路迈进

第十一章　先天 vs 后天：女性真的更擅长这些吗？ / 195

第十二章　开启与伴侣的对话 / 211

第十三章　打造一种意识文化 / 225

第十四章　拥有自己的价值 / 237

第十五章　持续寻找平衡 / 248

致　谢 / 261

前言

不被看见的劳动永远没完没了

我们又回到一个问题上：社会表象究竟是由什么构成的？它对那些被迫维持社会祥和的人有什么要求？

——阿莉·拉塞尔·霍克希尔德

（Arlie Russell Hochschild）

母亲节那天，我要了一份礼物：房屋清扫服务。具体来说，是清扫卫浴和地板，如果加洗窗户的费用也合理的话，那就一并清洗。对我来说，这个礼物与其说是打扫屋子，不如说我终于可以摆脱家务责任一次。我不必打电话向多家家政公司询价，不必研究及比较每家公司的服务质量，不必付款及预约清扫时间。我真正想要的礼物，是摆脱脑中那个老是纠缠着我的情绪劳动。至于家里打扫后干净如新，那不过是额外的收获罢了。

　　我丈夫等着我改变主意，换成一份比房屋清扫服务更"简单"的礼物，例如他可以上亚马逊一键下单的东西。但我坚持不改，他失望之余，在母亲节前一天终于拿起预约电话，但询价后觉得太贵了，信誓旦旦地决定自己动手。当然，他还是给了我选择的机会。他先告诉我房屋清扫服务的高昂费用（因为我负责管控家用开支），接着满腹狐疑地问我还想不想叫他预约那个服务。

　　其实我真正想要的，是希望他上脸书请朋友推荐几家家政公司，自己打四五通电话去询价，体验一下这件事要是换我来做，势必得由我来承担的情绪劳动。我想找家政公司来彻底打扫已经有一阵子了，尤其自从我自由职业的工作开始大幅增多，导致我分身乏术后，这个愿望更强烈了。之所以迟迟没做，部分原因在于不自己做家务会让我感到内疚，更大的原因在于，我不想花心思去处理"请人来打扫"的前置作业。我很清楚事前准备有多累人，所以才会要求丈夫做，把它当成礼物送给我。

结果母亲节那天，我收到的礼物是一条项链，我丈夫则躲去清扫卫浴，留下我照顾三个孩子，因为那时家里其他地方一片混乱。

他觉得，自己正在做我最想看到的事——给我一个干净如新的浴室，而且不必我自己动手清洗。所以当我经过浴室，把他扔在地板上的鞋子、衬衫、袜子收好，却丝毫没注意到他精心打扫的卫浴时，他很失望。我走进衣帽间，被一个搁在地板上的塑料储物箱绊倒——那个箱子是几天前他从高架子上拿下来的，因为里面有包装母亲节礼物所需的礼品袋和包装纸。他取出需要的东西，包好他要送给母亲和我的礼物后，就把箱子搁在了地板上，储物箱就变成碍眼的路障，（至少对我来说）也是看了就生气的导火线。每次我要把换洗衣服扔进脏衣篓，或是去衣帽间挑衣服来穿时，那个箱子就挡在路中间。几天下来，那个箱子被推挤、踢踹、挪移到一旁，但就是没有收回原位。而要想把箱子归位，我必须从厨房拖一张椅子到衣帽间，才能把它放回高架子上。

"其实你只需叫我把它放回去就好。"他看到我为箱子心烦时这么说。

这么明显的事情。那个箱子就挡在路中间，很碍事，需要放回原位。他直接把箱子举起来、放回去，不是很简单吗？但他偏偏就是绕过箱子，故意忽视它两天，现在反而怪我没主动要求他把东西归位。

"这正是症结所在。"我眼里泛泪,"我不希望这种事还要我开口要求。"

这就是问题所在。一个显而易见的简单任务,对他来说只是举手之劳,为什么他偏偏不肯主动完成?为什么非得我开口要求不可?

这个问题促使我含泪据理力争。我想让他了解,为什么当一个家务管理者,不仅要发现问题、分配家务,还得若无其事地要求大家配合是那么累人的事;为什么我会觉得自己承担了所有的居家打理责任,使其他人免于承受心理负担。有事情需要处理时,只有我注意到,而且我的选择很有限,要么得自己完成,不然就得委托别人来做。家里牛奶没了,我得记在购物清单上,或是让丈夫去超市购买,即使最后一口是他喝光的。家里的卫浴、厨房或卧室需要打扫时,也只有我注意到。再加上我十分注意所有细节,往往导致一项任务暴增成二十项。我把袜子拿去洗衣间时,注意到有个玩具需要收起来,于是我开始动手整理游戏室,接着我又看到一个搁在一旁的碗没放入水槽,于是我又顺手洗了碗盘……这种无止境的循环令人烦不胜烦。

家务不是唯一令人厌烦的事。我也是负责安排时间表的人,随时帮大家预约行程,知道行程表上有哪些待办事项。我也知道一切问题的答案,比如我丈夫把钥匙扔在了哪里、婚礼何时举行及着装规定、家里还有没有柳橙汁、那件绿毛衣收在哪里、某某人的生日是几号、晚餐吃什么,等等,我都知道。我的脑中存放着五花八门的清单,不是因为我爱记这些事情,而是因为我知道其他人都不会记。没有人会去看学校的家长联络簿,没有人会去规划朋友聚餐要带什么餐点前往。除非你主动要求，否则没有人会主动帮忙，因为一直以来都是如此。

然而当你主动要求，并以正确的方式要求时，又会是一种额外的情绪劳动。在许多情况下，当你委托别人做事时，你需要三催四请，别人听多了还会嫌你唠叨。有时，这件事根本不值得你一遍又一遍地以恳切的语气催请对方（而且还要担心对方嫌你啰唆），所以我会干脆自己做。有好几个早晨，我帮女儿把鞋子拿到她的跟前，帮她穿上——并不是因为她不会自己穿鞋，而是因为我不想同一件事连续讲十几次，讲到我发飙大吼快迟到了，她还没把鞋子穿上。我希望丈夫打扫院子，但又想维持婚姻和谐时，必须注意自己讲话的语气，以免言语间流露出些许的怨恨，因为要是我不主动提醒，他永远不会注意到院子需要打扫了。为了迎合周遭的人，我不得不压抑情绪，只为了让日子过得更平顺，毫无纷争。或者，我会自己做完所有事情。孩子当然不必做这种选择，丈夫也不必，那是我的任务，一向如此。

而且无论我做了多少，似乎总有更多在等着我，且那些事情比最终完成的任务还费时，但我周遭的人大多没注意到。这种感觉对很多女性来说再熟悉不过了。我读蒂法妮·杜芙（Tiffany Dufu）的《放手》（*Drop the Ball*）时，看到她讲述生完孩子后对丈夫的怨恨，立刻感同身受，跟着气愤起来。杜芙写道："我们在外面都有全职工作，但是回到家，我得更努力。而且气人的是，他看到的事情，还不及我实际上为维持这个家顺利运作所做的一半。换句话说，他不仅做得比我少，还没意识到我做得比他多！"[1] 然而

---

[1] Tiffany Dufu, *Drop the Ball* (New York: FlatIron Books, 2015), 44.

在他的脑海中，他可能认为自己做得已经够多了。男性大多是这样想的，因为他们自觉已经比前几代的男性做得更多了。1965年到2015年间，父亲花在家务上的时间增加了一倍多，花在照顾孩子上的时间增加了近两倍，但这并未带给我们完全的平等。家庭中的性别差异依然明显存在。女人在家务及照顾孩子上所花的时间，仍是男人的两倍。[①] 即使在比较公平的两性关系中，男女双方平均分配家务及照顾孩子的体力活，感觉起来还是女性做得比较多……她们确实做得比较多，因为我们并没把这些任务中的情绪劳动也量化计入。通常我们很容易忽略自己"多做"的部分，因为"多做"的部分大多是不被看见的。许多情绪劳动的核心，是为了确保每件事情能顺利完成而承担的精神负荷。对每一件产生有形结果的任务来说，其背后都隐含着无形的心理付出，而这些大多是由女性负责关注、追踪与执行。

那个母亲节迫使我潜然泪下的原因，不单是那个一直搁在地上的碍眼储物箱，也不是因为丈夫无法送我真正想要的礼物，而是经年累月下来我逐渐变成家中唯一的照护者，照顾每件事、每个人，而所付出的劳心劳力完全不被看见。

当我意识到自己无法向丈夫解释为何如此沮丧时，我终于达到情绪爆发的临界点，因为我再也找不到那些情绪的源头了。曾几何时，落差变得那么大？情绪劳动一直以来不都是我的强项吗？我难道不是主动选择照顾我们的家、我们的孩子、我们的生活、

① Kim Parker and Gretchen Livingston, "Seven Facts About American Dads," Pew Research Center, June 13, 2018, http://www.pewresearch.org/fact-tank/2017/06/15/fathers-day-facts/.

我们的朋友和家人吗？我不是本来就比他更擅长这件事吗？重新调整我们之间的平衡这件事，难道是我要求太多了吗？

我不只是为了自身利益而自省。如果我不把情绪劳动视为分内工作，周遭的人会变成什么样子？我在意的是结果：那些事情会搁在哪里？谁会捡起来做？如果我放着家务不管，谁会遭殃？如果我不在意我的语气和举止对丈夫的影响，我们会吵到什么程度？我这辈子已经习惯了超前思考，预测周遭每个人的需求，并深切地关心他们。情绪劳动是我从小就接受的一项技能训练。相反地，我丈夫从来没受过相同训练，他懂得关心他人，但他并不是体贴入微的照顾者。

然而，当我认为自己不仅是那份工作的更好人选，更是最佳人选时，那也表示我把一切事情都揽在了自己身上。我比较擅长安抚孩子的脾气，所以这件事情由我来做。我比较擅长维持屋内整洁，所以我负责绝大多数的打理及任务分派。我是唯一在乎细节的人，所以由我来掌控一切是很自然的事。但诚如谢丽尔·桑德伯格（Sheryl Sandberg）在《向前一步》（*Lean In*）中所写的，成为唯一关心这些事情的人，可能导致破坏性和有害的失衡。"每个伴侣都需要负责具体的活动，不然男方很容易觉得他是在帮忙，而不是在做分内的事。"[①] 对我丈夫来说，那些归纳在"情绪劳动"那把大伞下的任务，已经变成他在帮我的忙。他所做的情绪劳动，跟精心打理生活或抱持更深的责任感毫无关系。当他不需要我开口就主动完成一项任务，并承担过程中的精神负担时，那是在对我展现"美意"，是一种需要称赞和感激的行为，但同样的任务由

---

① Sheryl Sandberg, *Lean In* (New York: Random House, 2013), 109.

我来做时，却无法指望同样的回报。对我来说，情绪劳动变成一个竞技场，我的价值与每项任务都交缠在一起。

我感到愤怒，精疲力竭。我不想战战兢兢地走在一条微妙的分隔线上，一边要顾及他的感受，一边又要清楚传达我的想法。应对伴侣的情绪，包括预知对方的需求，避免任何不悦，保持心平气和，是女性从小就被教导要承担的责任。这个假设的前提是，女性要求男性尽力解决情感纠纷时，男性若是反驳、恼火，甚至愤怒，那些都是"自然"反应，也是可接受的。在宾夕法尼亚西切斯特大学指导"情绪劳动"这个主题并发表相关论文的性别社会学家莉萨·许布纳博士（Lisa Huebner）指出："一般而言，社会中的性别情绪，是在持续强化'女性在生理上先天就比男性更能够感觉、表达、管理情绪'这种错误观念。这并不是在否认，有些人由于性格原因，确实比他人更擅长管理情绪。但我认为，我们仍然没有确切的证据证明，这种能力是由性别决定的。与此同时，社会也想尽办法确保女孩和女人为情绪负责，却放任男性不管。"①

即便是讨论情绪劳动的不平衡，讨论本身也涉及了情绪劳动。我丈夫虽然个性好，本性善良，但他还是会以一种非常父权的口吻来回应批评。逼他去了解情绪劳动究竟有多累人，就好像是对他做人身攻击似的。到最后，我不得不在"让他了解我对情绪劳动的失望有什么好处""以不会导致我们争吵的方式来传达那些想法，究竟要付出多少情绪劳动"这两件事中进行权衡。两相权衡后，我通常会觉得"放弃不谈"比较省事，并提醒自己，另一半愿意

---

① 2017 年 8 月 18 日接受笔者采访。

接受我分派给他的任务已经很幸运了。相较于许多女性（包括女性家人和朋友），我知道自己的处境已经算好了。我丈夫做很多事情，他每天晚上都会洗碗，也经常做晚饭。我忙着工作时，他负责哄孩子睡觉。只要我开口请他做额外的家务，他都会毫无怨言地完成。有时候期待他做一点家务，好像我太贪心了。毕竟，我丈夫是好人，也支持女权主义，我也看得出来他有心想要理解我的意思，只是他终究还是不明白。他说，他会尽量多做一点打扫工作来帮我分担家务，也重申只要我开口向他求助就行——但问题就在这里。我不想事无巨细地管理家里所有大事小事，我希望另一半可以跟我一样主动积极地面对家务。

乔尼·布鲁西（Chaunie Brusie）在 Babble 网站上发表了一篇文章引发热议，文中提到她在家务上缺乏协助，她回想起当时的想法："如果夫妻俩饭后一起收拾，不是可以更快一起休息放松吗？如果孩子知道母亲不该是唯一的清洁工，那不是更好吗？把两人共享的空间视为一种共同责任，不是比较合理吗？"① 总而言之，如果所有的情绪劳动不是完全落在她一人身上，如果她的丈夫（或孩子）能主动注意到家里需要做什么，并主动去做，那不是很好吗？布鲁西是自由职业者，全职作家，年薪六位数（美元），她有充分的理由要求家人"帮忙"。事实上，她想传达的重点是，照顾全家的责任根本不该由她一人承担，但偏偏事实就是如此。她在文中提到，她选择把饭后的一些杂务分派出去。她不仅要和颜悦色地提出要求，当她第一次分派家务遭拒时，还得把完成任务后一起

---

① Chaunie Brusie, "No, Dear Husband and Kids, You're Not Cleaning 'for' Me," Babble, https://www.babble.com/parenting/no-dear-husband-and-kids-youre-not-cleaning-for-me/.

玩游戏作为奖励，家人才肯答应。如果她想请家人"帮忙"，就需要以愉悦的口吻提出恳求，即便是"帮忙"清理家人弄乱的东西。"我们把做家务视为'帮妈妈的忙'，而不是做该做的事。"布鲁西写道，"我希望孩子了解，收拾我们的家很重要。正因为很重要，我们每个人都应该做。"然而，当另一半不会主动注意到家里有什么事情该做时（亦即不懂得平均分担家务的身心劳动时），你很难说服他这样做。把垃圾拿出去倒确实很好，但真正重要的是，他应该负起"注意何时该倒垃圾"的责任。

不过我试图向丈夫解释这点时，他很难理解"倒垃圾"和"注意何时该倒垃圾"的差别。只要任务完成了，管他是谁要求完成的！那有什么大不了的？听他这样反问时，我一时也不知道该如何解释，所以我把导致那一刻混乱的所有挣扎和沮丧写下来，然后以专文发表在《时尚芭莎》上。① 我知道有些女性马上就抓到了我那篇文章想表达的重点，因为我们每天都在做这种隐形工作——为了维持整个系统的顺利运转而给轮子上油。我们对于持续担负起超量的情绪劳动感到沮丧。不过，当那篇《女人不是唠叨——我们只是受够了》以惊人的速度被疯狂转发时（截至2018年本书撰写之际，那篇文章已被分享九十六万两千次以上），我还是很惊讶。数千名读者留言及评论，很多女性纷纷分享她们的"母亲节时刻"，她们也遭遇过伴侣不明就里的反驳，不知该如何解释自己的所思所想。数百万来自各行各业的妇女纷纷点头说："是啊，我也是！"那个联结时刻令人欣慰，也令人灰心。我不禁纳闷："为什么现在

---

① Gemma Hartley, "Women Aren't Nags-We're Just Fed Up," *Harper's Bazaar*, September 27, 2017, http://www.harpersbazaar.com/culture/features/a12063822/emotional-labor-gender-equality/.

才引起那么大的回响？"

　　我并非第一个思考"情绪劳动"这个概念的人。社会学家当初创造这个词汇，是为了描述空乘人员、女佣和其他服务人员必须在工作上展现出快乐的模样，以及愉悦地应对陌生人的样子。这种"情绪劳动"的定义在霍克希尔德 1983 年的著作《心灵的整饰》中受到瞩目。霍克希尔德以"情绪劳动"（emotional labor）来指感觉上的管理，以便营造出大家看得见的脸部表情和肢体语言。情绪劳动是用来换取酬劳的商品，所以有交易价值。至于"情绪工作"（emotional work）和"情绪管理"（emotional management）则是指私下场合的情绪劳动①。她的研究是聚焦于空乘人员必须做到的表层扮演（surface acting）和深层扮演（deep acting），空乘人员不仅要在工作中表现出热情友好，还要变得热情友好，以便妥善整饰自己的情绪，不让乘客在航班上失望。她解释，对空乘人员来说，微笑是工作的一部分，需要结合自我和感觉，才能使"展现愉悦"显得毫不费力，并掩饰疲劳或恼怒感，以免乘客不悦。航空公司教导空乘人员如何控制自己的情绪，把酒醉或不守规矩的乘客视为需要关注的"小孩"，借此压抑义愤填膺的感觉。公司也要求他们自己在脑中虚构有关乘客的故事，借此唤起对乘客的同理心。这一切都是为了和乘客的情绪产生共鸣，同时抽离自己的情绪，是一种极端的乘客服务。

　　其他的社会学家在学术期刊上进一步阐述"情绪工作"这个主

---

① Arlie Russell Hochschild, *The Managed Heart: Commercialization of Human Feeling* (Berkeley: Univ. of California Press, 1983), 7.

题，探讨大家指望女性在家中承担情绪劳动的方式。2005 年，丽贝卡·埃里克森（Rebecca Erickson）把女性所承担的情绪工作和不公平的家务分工联系在一起。她的研究显示，情绪工作是理解家务中性别差异的关键要素——女性做较多的情绪工作，也分派较多的情绪工作，而且做的同时还要让每个人都开心。[①] 在家务劳动中，对于"谁该做什么"始终存在着性别差异，因为社会对性别有刻板印象，默认情绪劳动由女性承担。女性需要决定一项任务究竟是自己做，还是交给别人做，最终事实是自己揽起来做往往比较容易。文化的性别规范告诉我们，谁该负责"掌管"家庭，因此导致许多夫妻面临严重的失衡，这样的现象还在持续。

然而直到最近，这个话题才开始在学术界之外引起更广泛的关注。2015 年，杰丝·齐默尔曼（Jess Zimmerman）聚焦女性在个人社交圈里（其实是随时随地）从事情绪工作的方式，再次开启了大众对情绪劳动的讨论。他人的想法我们洗耳恭听，提出建议，安抚他人的自尊及肯定他人的感觉，同时压抑自己的情绪。我们点头，微笑，展现关心。或许最重要的是，我们这样做通常不指望任何回报，因为情绪劳动是女性的工作，我们都心知肚明。齐默尔曼写道："我们常被告知女性的直觉较强、更善解人意、更愿意且能够提供帮助和建议。这种文化结构为男人提供了一个情绪上偷懒的借口，实在太方便了。把情绪工作塑造成'一种内在需求、一种渴望，而且理当来自我们女性特质的内心深处'真是省事。"[②]

---

① Rebecca J. Erickson, "Why Emotion Work Matters: Sex, Gender, and the Division of Household Labor," *Journal of Marriage and Family*, April 15, 2005.

② Jess Zimmerman, "Where's My Cut? On Unpaid Emotional Labor," The Toast, July 13, 2015, http://the-toast.net/2015/07/13/emotional-labor/.

齐默尔曼的文章在热门网站 MetaFilter 上引发热烈讨论，数千位女性到网站上留言，并分享自身的情绪劳动经历。[1] 所有读者似乎都把情绪劳动视为一种需要特别投注的心力，其中包括对需求的预期、对各种优先要务的权衡和平衡、设身处地为他人着想的同理心，等等。从 MetaFilter 用户身上可以看到情绪劳动几乎无所不在，从她们对未完成的家务感到的羞愧和内疚，到她们顾及伴侣而非自己的感受，再到性工作者如何展现魅力并与客人交谈，不一而足。

罗丝·哈克曼（Rose Hackman）在《卫报》上发表的热门文章，又进一步扩展了情绪劳动的定义外延。她主张情绪劳动可能是女权主义的下一个战线。[2] 她不仅谈到齐默尔曼探讨的情绪工作，也将细节中出现的情绪劳动，如女性的规划、体贴入微和关怀纳入考察范畴。哈克曼提到，情绪劳动以许多微小但隐晦的方式融入我们的生活，从经常被问家里的某样东西放在哪里（"我们"把厨房抹布放在哪里？），到记住大家的生日并规划欢乐时光以营造愉悦的工作环境，再到假装性高潮以提振伴侣的自尊，等等。

之后两三年间，"情绪劳动"这个议题持续获得愈来愈多的关注，有无数文章探讨情绪劳动及这种劳动的无处不在。事实上，《时尚芭莎》发表的那篇文章也不是我第一次写那个话题。那篇文章刊出的前一个月，我才刚为 Romper 网站写了一篇文章，谈论全职

---

[1] "Emotional Labor: The MetaFilter Thread Condensed," https://drive.google.com/file/d/0B0UUYL6kaNeBTDBRbkJkeUtabEk/view?pref=2&pli=1.

[2] Rose Hackman, "'Women Are Just Better at This Stuff': Is Emotional Labor Feminism's Next Frontier?," *The Guardian*, November 8, 2015, https://www.theguardian.com/world/2015/nov/08/women-gender-roles-sexism-emotional-labor-feminism.

妈妈的情绪劳动①。那么既然情绪劳动无处不在，为什么我在《时尚芭莎》发表的文章会引起如此热烈的回响？

坦白说，我觉得那是因为女性已经受够了，忍无可忍。2017年9月底我发表那篇文章时，距离希拉里·克林顿竞选总统失利、特朗普获选，以及他上任后的"女性大游行"（有人说那可能是美国史上规模最大的单日示威活动②）还有一年时间。距离塔拉纳·伯克（Tarana Buke）因哈维·韦恩斯坦（Harvey Weinstein）遭到指控，而使"#MeToo"运动再次浮上水面，仅一周的时间。女人生气了，觉醒了，准备好了推动改变。我们已经不想再为了照顾男性的情绪和预期而无休止牺牲自己。

这是女性认识以下事实的绝佳时机：情绪劳动不仅仅是令人沮丧的关于家事抱怨的来源，更是系统性问题的主要根源，那些问题涉及生活的各个领域，并以破坏性的方式将我们文化中普遍存在的性别歧视凸现出来。社会深深地寄希望于女性担负起家中一切累人的精神劳动和情绪劳动，而那些受惠最多的人大多没有意识到这类劳动，导致那些隐约的预期在我们小心翼翼穿越一个几乎别无选择的文化时，轻易地跟随着我们进入家庭之外的世界。我们只好改变自己的语言、外表、言谈举止、内心的预期，以维

①Gemma Hartley, "The Amount of Emotional Labor We Put on Stay-At-Home Moms Is Horribly Unfair," Romper, August 29, 2017, https://www.romper.com/p/the-amount-of-emotional-labor-we-put-on-stay-at-home-moms-is-horribly-unfair-79612.

②Erica Chenoweth and Jeremy Pressman, "This Is What We Learned by Counting the Women's Marches," *The Washington Post*, February 7, 2017, https://www.washingtonpost.com/news/monkey-cage/wp/2017/02/07/this-is-what-we-learned-by-counting-the-womens-marches/?utm_term=.ec335a3201fe.

持和睦。我们已经感受到这些劳动所付出的代价，而且这些代价往往不被看见。我发表那篇文章时，女性已经准备好将家中的变革放大到世界中，并一展拳脚了。

如同之前的许多记者，我把情绪劳动的定义再进一步扩展，希望给读者一个新的视角，让他们更清晰地看到自己的关系动态。我定义的"情绪劳动"，是结合情绪管理和生活管理，是我们为了让周遭人感到舒适和快乐所做的没有酬劳、不被看见的工作。它涵盖了我在文章中提到的照护类劳务的相关术语，诸如情绪工作、精神负担、精神重担、家庭管理、事务劳动、无形劳动，等等。这些术语分别来看时，看不出是如何交织、火上浇油，终至令人沮丧抓狂的。实际上，这些工作不仅劳心耗神，而且它的负面影响，在我们走出家庭进入世界时仍旧伴随着我们。朱迪丝·舒勒维兹（Judith Shulevitz）在《纽约时报》发表了一篇文章，谈及母亲经历的情绪劳动，并在文中列出那些工作的高昂成本。她写道："不管女人是喜欢操心，还是讨厌操心，那都可能分散她对有偿工作的注意力，使她在工作上受到干扰，甚至断送了职业生涯的发展。担忧及安排事务这种令人分心的苦差事，可能是阻碍女性职场平权的所有因素中，最难以改变的障碍之一。"[1]

舒勒维兹称这种人为"指定的操心者"（designated worrier），但成为"指定的操心者"不是一朝一夕的事，而是需要时间累积及付出心力的。以全职妈妈为例，或许你精心打造了一套系统，好让

---

[1] Judith Shulevitz, "Mom: The Designated Worrier," *New York Times*, May 8, 2015, https://www.nytimes.com/2015/05/10/opinion/sunday/judith-shulevitz-mom-the-designated-worrier.html?_r=1.

每个家人的早晨能够顺利运行，例如你想在墙上挂一个钥匙钩。但在那之前，你需要先"唠叨"一下，家人才会帮你装上挂钩。你需要多次温和地提醒家人，请他去五金店买挂钩，不然你就得自己写在待购清单上，自行采购。你还需要温和地多次提醒家人："钉个挂钩很快，今晚或明天就能完成。"你提出这些建议的同时，还要权衡时间表上有哪些优先要务需处理。然而，无论你讲几次把汽车钥匙挂起来会有多方便，家人还是会问你："我的钥匙哪儿去了？"你心里权衡着到底要直接告诉他钥匙在哪里，还是再度提起钥匙挂钩的事；如果是后者，恐怕又会演变成一场争论。你总是需要超前一步思考，小心说话的用字遣词及表达失落的方式。你必须同时克制自己的情绪，也管理对方的情绪。这实在很累人，所以你往往选择干脆直接告诉他钥匙在哪里，既省时又省力。

不过事情没那么简单，因为在许多看似无关紧要的小事中，这种加乘式的情绪劳动会变成常态。日积月累下来，你的生活变成一张错综复杂的网，只有你自己知道怎么驾驭它。你必须引导其他人在这套精心打造的系统中穿梭，以免他们卡住或陷落。例如，你挤完最后一点牙膏，或是把厕所的卫生纸用完时，你注意到该换新的了；公司同仁指望你规划下班后的欢乐时光；你脑海中有一份清单，列出你需要做什么；你需要注意及肯定他人的情绪，同时控制自己的；你需要维持事情的顺利运作，而且要非常小心。这些劳动都需要投入很多时间和精力，而且永远无法将之抛诸脑后。它让我们付出高昂的代价，耗尽无法估量的心神，而且那些心神明明可以用来做其他对我们自身、职业生涯及生活更有利的事，让我们自己过得更快乐。把这些原本各自存在的用语归纳在"情绪劳动"的大伞下非常合理，因为它们紧密相连。情绪劳动所指的，不仅是关心结果而已，也关心那些被我们的情绪、言语、举动所影响的人，即使那样做是牺牲自己以成全他人。

社会指望女人以许多无偿的方式，不惜一切代价（包括牺牲自我），让周遭的人感到舒适。我们创造出一个利他的形象，允许他人的需求凌驾于自我之上。我们成了倾听者、忠告者、旅行规划者、行程管理者、居家打扫者、提醒者，也是每个人都可以舒适依靠的无形靠垫（但几乎没人考虑这会如何消耗我们的心神）。我们从事情绪劳动时，把周遭的需求摆在自我需求之前。渐渐地，我们在这世上存在的方式，在很多方面开始隐于无形。为了迎合周遭的人，我们压抑或调整自己的情绪，从与丈夫和睦相处，阻止孩子乱发脾气，到避免与母亲争吵，避免街头骚扰变成人身攻击。

为了管理他人的情绪和预期，你需要越过重重障碍才能让人听到你的心声，耗尽你本可以更有效地利用起来的宝贵时间。你必须确保你的响应经过深思熟虑，把他人的情绪也纳入考量。当你需要指派任务给别人时，你必须使用正确的语气，询问对方的意愿。当你感到不舒服时，你需要克制自己，依旧展现出亲和力。如果你想把自己放在最有利的位置，那表示你需要先一步思考对方可能会如何反应。有人说，当你交出完成的任务时，不要同时展现魅力和温柔的一面，因为你可能被贴上负面的标签，影响升迁机会。也有人说，走在路上听到男人对你开黄腔、骚扰你时，不要微笑，紧闭着嘴继续前进，不然你可能会被跟踪、攻击，甚至碰到更惨的遭遇。

当我们的言行不符合既定的权力动态时，就必须付出高昂的代价。诚如桑德伯格在著作中所述，女性在职场上常避免发表意见，语带保留，以免被贴上标签。"怕大家觉得她没有团队精神，怕大家觉得她负面或唠叨，怕提出建设性的批评却被当成单纯的发牢骚，怕勇敢说出想法而引起大家关注，怕可能因此遭到攻击（就是脑海中那个叫我们'别坐到桌前'的声音所诱发的恐惧）。"[①] 我们在家里，为了获得迫切需要的"帮忙"且避免争吵，也要这样顾全大局，语带保留。这些持续又伤神的劳动，大多隐于无形。

霍克希尔德在书中提到，航空公司如何要求空乘人员在飞行中营造出温馨舒适的家庭氛围，以及她们打卡下班后，那种伪装会使她们付出什么代价。她们下班后常感到情绪疲乏，很难在工作角色和真实自我之间切换身份。她们之所以难以在内心深处找到真实的自我，或许是因为她们不止在服务业中付出情绪劳动。身为女性，我们必须在生活的各个领域营造出同样的温馨感。我们不仅在工作中这么做，回到家里或在外面，也必须对亲友、同仁、陌生人这么做。女性之所以觉得受够了，是因为我们意识到这种情绪劳动无法打卡下班，而是随时随地非做不可。被要求在生活中时时刻刻都要扮演情绪劳动的主要提供者，我们已经受够了，因为那实在很累人，很费时，也耽误了我们的人生。

我们的脑中填满了家庭琐事，把不成比例的时间花在造福他人上。我们为了升职所付出的情绪劳动，从注意自己说话的语气，到聆听他人的想法并提供意见反馈等，都是男性不必做的。我们必须仔细地权衡在公共场合中如何与陌生男性互动，以确保自身安全。这些必要的情绪劳动类型都是一种征兆，其背后是更大的

---

① Sandberg, *Lean In*, 78.

系统性不平等。那种不平等对女性造成了伤害，尤其是弱势族群的女性。诚如霍克希尔德所言，男性和女性在情绪工作上的互动方式，是"一种常见的掩饰法，把性别之间的不平等视为人与人之间的亏欠，而且在维持这种现象的表层扮演和深层扮演上都是如此"[1]。在社会上，女性对于任何需要我们的人，总是亏欠着无尽的情绪劳动，除非男性和女性都改变想法，改变他们对于"谁该做这项工作"以及"这项工作的真正价值"所抱持的预期。

每个人都必须改变对情绪劳动的看法，这样一来，我们才有可能重新获得情绪劳动这项技能背后的真正价值。没错，情绪劳动可能是我们的克星，但也可能成为我们的超能力。我们需要了解这种劳动有其价值，并把它公之于众，让大家可以清楚看到。这种关怀和管理情绪的智慧是一种宝贵的技能，是一种密集的解题训练，还可以获得同理心的额外效益。宾夕法尼亚州立大学贝克斯校区的传播艺术与科学副教授米歇尔·拉姆齐博士（Michele Ramsey）表示，情绪劳动往往和解决问题同义。她解释："大家对性别的假设是'男性是问题的解决者，因为女性太情绪化了。'但是在家里和职场中，解决多数问题的人又是谁呢？"[2]身为伺候我丈夫和三个孩子的管家，我非常确定自己知道答案。尽管这些情绪劳动令我们沮丧，但这种照护型的劳动本身就是一种宝贵的技能。我们熟练地顾全大局，宏观地思考结果，游刃有余地调适意外状况，用心地投入工作、培养关系、应对偶然的互动。这些技巧是确保我们细心完成精神任务及情绪任务的资产——这里的细

---

[1] Hochschild, *The Managed Heart*, 85.
[2] 2017 年 8 月 18 日接受笔者采访。

心不只专注在任务细节上，也专注在他人身上。情绪劳动在生活中呈现的方式，就像是以维系社会的文明细线编织成一条精致的挂毯。少了情绪劳动，我们活不下去，我们也不该期待情绪劳动消失。

我们应该把情绪劳动变成一种人人都该拥有、人人都应理解的宝贵技能，因为那可以让我们更熟悉自己的生活。它能使我们更充分地体验生活，使我们成为最真实、最充实的自己，男女皆然。减轻女性被迫承担的庞大重担，同时让男性进入一个充实的生活新领域是有益的。我们不该只想着"平分"情绪劳动，更应该去了解那些伴随重担而来的东西。即使目前女性被迫扛起不平衡的重担，女性也因为情绪劳动的存在而更长寿、更健康。[1] 女性把规划和深谋远虑纳入生活，关心人际关系的培养与维系，为了让他人过得舒服而不辞辛劳地付出，她们的伴侣无疑因此受惠了。哈佛大学的研究显示，已婚男性通常比未婚男性更长寿、更健康。[2] 他们的压力较小，罹患抑郁症的情况较少，身体也比未婚男性更健康，这主要是因为他们的妻子对其生活的打理使他们可以更健康地活着。多项研究发现，丧偶及离婚的男性过得不如丧偶及离婚的女性，因为少了伴侣投入时间和精力去打理他们的生活，他们的健康、

---

[1] Yang Claire Yang, Courtney Boen, Karen Gerken, Ting Li, Kristen Schorpp, and Kathleen Mullan Harris, "Social Relationships and Physiological Determinants of Longevity Across the Human Life Span," *Proceedings of the National Academy of Sciences* 113, no. 3 (January 2016): 578-83, http://www.pnas.org/content/113/3/578.

[2] Ayal A. Aizer et al., "Marital Status and Survival in Patients with Cancer," *Journal of Clinical Oncology* 31, no.31(2013): 386976, http://ascopubs.org/doi/abs/10.1200/JCO.2013.49.6489.

舒适和社交关系都会受到影响。[①] 当妻子是家中唯一响应聚会邀约、唯一负责召集家人参加活动、唯一负责维系社交关系稳健发展的人时，失去她也意味着失去了所有人。那也表示，那些人际关系本来就不属于男性。

女性负责维系男性与亲友的关系，也确保伴侣饮食健康、做运动。她们帮男性卸下原本落在他们身上的任务，充当男性的第二个大脑，帮他们记住他们觉得不够重要而不需要记住的"小事"。然而当男性从来不学习情绪劳动时，他们也错失掉了生活中很重要的一大部分。当然，有人代劳肯定过得很舒服，但是如果别人负责处理你生活的一切细节，你的生活便永远不属于你自己。目前这种情绪劳动的失衡，导致大家持续以为男人不必建立自己的社交关系，不必密切地关注个人生活的细节，不必从打造个人生活及家庭中寻找意义，这滋长了有毒的男子气概的恣意发展，在这种环境中，大家依然指望女性以各种方式照顾男性，所以男性永远不会学习照顾自己，不仅身体上如此，情绪上和精神上也是如此。我们告诉整个社会的男性，他们无法处理情绪劳动，他们需要把一切细节委派给女性处理，他们无法随机应变，也无法学习这些可以深深改变其生活的技能。我们让男性对这种依赖他人的人生感到无可奈何，尽管男性拥有那么多的权力和特权。然而，这样做只是在助长一种对每个人都有害的恶性循环。改变这种现

---

① "Marriage and Men's Health," *Harvard Health Publishing*, July 2010, https://www.health.harvard.edu/newsletter_article/marriage-and-mens-health; P.Martikainen and T. Valkonen, "Mortality After the Death of a Spouse: Rates and Causes of Death in a Large Finnish Cohort", *American Journal of Public Health* 86, no. 8（August 1996):1087-93, https://www.ncbi.nlm.nih.gov/pubmed/8712266.

状不仅不会伤害男性，还可以帮助女性，让每个人都因此获得解放。让大家预期一种更平等分摊的情绪劳动，这并不是在转移负担，而是为了鼓励每个人改善生活。

平衡情绪劳动可以让每个人都有机会过更充实，也更真实的生活。负担减轻的女性可以重新获得自己的精神空间和时间，在职业生涯上做出理智的抉择，并从真正平等的立场上，感觉到自己与伴侣的关系更紧密。男性可以以新的方式融入生活，承担新的角色，摆脱有毒的男子气概，生活在更紧密相连的环境中，而且不怕帮女性争取更平等的世界。霍克希尔德指出，我们承认生活中情绪劳动运作的方式，反映了我们在社会变革中的立场。我相信，我们已经准备好打破陈规，迈向新未来。为此，我们必须了解情绪劳动带来的阻碍，以便从沮丧中站起来，决定如何好好运用这种深切关怀的技能。情绪劳动不见得会破坏我们的幸福，事实上，它是维系世界的黏着剂。一旦我们意识到它的存在，了解它的利弊，我们就可以掌控它，改变我们使用这些技能的方式，夺回自主权。

我们可以学习如何为孩子树立更好的平等榜样，以免他们承袭我们的错误模式。我们可以让男人有机会以新的角色体验情绪劳动，更充分地体验如何为人父、为人伴侣，以及成为一个男人。我们可以为无所不在的情绪劳动划出明确界限，而不是一味地迎合预期。我们可以把情绪劳动视为一种技能，而不是障碍。套用众议员玛克辛·沃特斯（Maxine Waters）的说法，我们可以夺回自己的时间①，只在真正有意义的情境中运用情绪劳动的技能，让每个人（包括我们自己）都觉得世界正在变得更美好。这样一来，我

① 2017 年 7 月 27 日，沃特斯议员在众议院金融服务委员会举行的听证会上如是说道。

们不仅可以改善自己的生活，也可以改善伴侣和后代的生活。当我们一起消除情绪劳动的不平等时，孩子的未来就被改变了，我们的儿子可以学会恪尽本分，我们的女儿可以学会不必承担别人的分内工作。

第一部分

家中无所不在的情绪劳动

第一章

我们怎么会落到这步田地？

车子开出车库时，两岁的孩子声嘶力竭地尖叫着，尖叫从他半小时前醒来的那一刻就开始了。车子还没开到路的尽头，四岁的那个开始朝着两岁的那个尖叫，叫他闭嘴。接着，六岁的那个叫他们两个都闭嘴，结果他们三人开始轮流指着彼此大喊："别叫了！"这样开启新的一天确实很辛苦，但其实我的一天早在几小时前就开始了。我已经处理过邮件、安排好了开支、做完早餐、打包孩子的午餐、清洗料理台、洗了碗盘，同时听了有关时间管理的播客。我在对付两岁孩子无理取闹的牛脾气的同时，也陪六岁的孩子做了功课，检查了他的书包，帮他把水壶装好水，帮每个孩子穿好衣服、梳好头发，为女儿编了辫子，然后把孩子们赶进车里。我开车时，试着在脑中厘清当天该做的所有事情，但车内太吵，我的思绪并不太顺畅。我需要提醒丈夫发消息给他的母亲，询问圣诞假期能不能把狗寄养在她家；我需要记得家里的肥皂用完了，尿布快没了；我需要阅读那封学校发来的邮件，我已经在电脑上打开了页面，但还没读；我知道我还有很多该做的事情，但我一边开车，还得一边平息后座愈来愈激烈的争吵，我已经忘了还有什么事情需要处理。这时，我突然看到丈夫的车子从对面车道驶了过来。

罗伯两个小时前就去上班了，所以我知道他不太可能把钥匙或笔记本遗忘在家里。我请 Siri 发消息问他为什么回家。车子到达女儿的幼儿园时，我看到他的回应："等你回来再说吧。"

其实我不需要他告诉我。我内心一沉，就知道是怎么回事了。他的公司已经经历多轮裁员，今天这样的时刻又来了。我先深深吸了一口气，才送孩子到第二所学校。就在这个过程中，我马上进入规划模式，我相信我们可以想办法应付。我熟悉我们的家庭开支，知道光靠一份薪水我们还是可以撑很久，只要精打细算，他整整休息半年也没关系。事实上，或许他真的应该停工半年。

因为我手边的书稿正好在六个月后截稿。这个时段，适逢我的职业生涯蒸蒸日上，收入也稳定。他可以好整以暇地寻找适合自己的工作，同时接管家务，照顾两岁的孩子（顺道一提，这孩子仍在后座尖叫）。这个时间点似乎非常凑巧。随着自由撰稿这份工作需要我投入越来越多的时间，以前我还可以随机应变，应付自如，但最近我觉得好像已经接近极限。罗伯依然对许多隐于无形的情绪劳动视而不见，我肩负的重担比以前还重，所以我想，他在家里待一阵子应该可以改变现状，面对日常的家务打理及全职父母的情绪付出，或许能让他借机明白种种苦辛。原本看似人生惊慌时刻的此时，如今看来却像是敞开的契机之门。

自从两个月前我在《时尚芭莎》发表那篇文章以来，我们一直在讨论情绪劳动的失衡问题，只是他似乎还没有完全开窍。他看得见情绪劳动的实体表现，知道我负责大部分的清洁打扫、午餐打理、列制清单与行程表的安排，但即使我迫切需要他分担这些工作，他还是不知道该如何接手。我的工作不再是兼职，但我在家里的工作量并未因此减少。虽然罗伯现在偶尔会主动洗衣服或做一些适合他的家务，但规划及交派家务依然是我的责任。我的精神负担很重；跟他解释这件事所付出的情绪劳动，甚至比我自己做还要沉重。一想到他失业，我却马上联想到他待在家里可以带给我的好处，我为这样的自己感到内疚，却还是忍不住觉得这个大变动正是我们需要的。我心想，这会是一个转折点，转变终于要发生了。我现在是家里唯一的经济支柱。他待在家里，自然得要承担管理家务的责任，对他来说，这个角色终于有了意义，不然眼下的情况还有其他转圜的可能吗？

我回到家后，他告诉我裁员的消息，但我没有透露我的计划。我知道，那一刻他需要的是同理心。我说我觉得很难过，但我们会没事的。当他抱怨那感觉有多糟时，我从旁附和及安抚他。

"那感觉确实很糟。"我说。

当时罗伯显然仍处于震惊状态，今天将会是情绪劳动的冲击日，或许这一周的多数时间都会这样。我们讨论了彼此的期望和计划后，他可能从下周开始接手情绪劳动。我想给他时间去消化裁员的痛苦和沮丧，把心声讲出来，让他对自己这段时间该如何继续往前先产生信心。我也希望他把这段时间视为一次契机，趁他还享有无拘无束的自由时，尽情享受自己。如果目前为止都是我负责所有的情绪劳动，接下来他在家的这段日子，我们肯定可以找到一个让我俩都感到快乐的新平衡。我们可以一起讨论大规模的任务交派，以后我在家里可以轻松一些，更专心地投入工作，脑中不必随时想起无尽的待办清单。我想象自己走进家里的办公室时，暂时抽离家务、一切都有人打理的感觉。像梦一样，但我相信我们可以轻松地找到最佳状态，我们即将进入人生的新篇章。

那天下午，我们带着（仍在哀号的）两岁孩子去公园，沿着小径旁的小溪散步。那天空气清新，地面覆盖着杨树的落叶。那条小径蜿蜒穿过高耸的松木，沿途风景不断地改变，我们的生活也在改变。这一切都让我觉得意义非凡。我想得越多，越觉得这番改变虽然出乎意料、令人不安，却是我们生活所需要的。这会是一个全新的开始，不仅对他的职业生涯来说是如此，对我们的关系来说也是如此。我小心翼翼地对他说，这次裁员或许是一次正面的转机。看看我们现在在哪儿——此刻我们正在公园中，罗伯刚失了业。这可能是一件好事，因为我有一本书需要完成，而他有三个月的遣散费。

他说："我有权为这件事情感到愤怒。"

看得出来，他对于我如此乐观地面对改变感到恼火，所以我收敛了一些。我们回家后，他上网找工作，我又回到规划模式。我请教了几位经历过配偶失业的挚友，以了解我们可能面临的情绪波动。我需要知道如何小心应付这件事，如何在保护我丈夫的情绪下继续前进。朋友告诉我，失业的时间拖得太久、超过预期时，丈夫会变得无精打采或出现严重的身份认同危机。在开车回家的路上，罗伯说他预计找工作会花两周的时间，那其实是过于一厢情愿的想法。我必须想办法以最好的方式对他透露真相，同时让他知道我对他的能力充满信心。我必须保持谨慎的乐观态度，同时对于求职的困境以及适应身份改变的辛苦抱持同理心。光想到这件事我就觉得很累，根本不敢细问自己的感受。为了维持夫妻关系的和睦，一直以来我必须战战兢兢地拿捏分寸，仿佛脚踏在一条细线上，如今那条线已经细到不能再细了。

随着我的行程安排变得越来越紧凑，罗伯接管了早上的例行家务。这是一个难得的早晨，我不必马上埋首于邮件、采访、播客或琢磨中。我请他去查看我们的日程表，以便追踪每天的日程，早上我仍然负责送女儿去幼儿园。这时罗伯已经失业整整一个月，我则全职投入写书工作中。

我告诉他："今天我需要花一个半小时录制播客，接着我需要工作到下午一点左右，把更新后的写作大纲发给编辑。"这个时间点选得正好。我可以在两岁的孩子刚吃完午饭、需要小睡片刻时，刚好结束工作。我可以哄他睡觉，然后自己吃午餐，接着开始阅读我想读的东西，或许还可以读点别的消遣一下，这时罗伯可以出去骑山地车。

然而令我惊讶的是，我从工作室出来时，两岁的孩子还没吃午餐。我连忙帮他煮了拉面，迅速哄他入睡，这时罗伯却在忙着换他的单车服。他离开时，我仍在哄孩子，孩子大概一时无法接受午觉时间和爸爸离开同时发生，所以我哄了一个小时他才终于静下来入睡。这场混战终于打完时，我跟跟跄跄地走进厨房，心想终于可以吃顿午餐了，但我看到餐桌时，差点尖叫起来。

涂鸦本、蜡笔、签字笔、打印纸（我一再告诫六岁的孩子，不要从我的工作室偷拿影印纸）、铅笔屑，还有一本我不敢翻开来看的图书馆书籍全散落在桌上。两种颜色的动力沙分散成几小堆，摊在指定的托盘外面，搞得整个地板到处都是。料理台上搁着早餐留下的盘子，还有从盘子里捞出来的残余食物，以及在抛光木桌上凝固的牛奶。手工艺的小珠子随处可见，沙子里、食物里、地板上……

我开始清理餐桌上的碗碟和食物时，发现前一晚放进烘碗机的碗盘仍原封不动地摆在里面，没有收进橱柜。这时，我想要尖叫的冲动变得更难抑制了。早餐用过的碗盘一个也没洗；桌上搁着打开的麦片盒；炉上锅里的燕麦片已经硬掉了。我把图书馆借来的书放回固定位置，结果又看到一碗还没吃完的爆米花，地板上也撒了爆米花碎屑。鞋子和毛衣散落在沙发上，玩具也都没有归回原位……我逐一收拾这些残局时，发现越来越多的事情没做：该洗的衣服积了太多，垃圾需要拿出去倒掉。我可以感觉到自己内心的怨恨开始涌现，他到底整天在干什么？

过去五个小时，我很专注地工作，相信他会处理好家务，结果家里不是变得有点乱而已，而是简直像被炸弹轰炸过一样。如果你的身手特别矫健，也许可以在家中穿梭自如，不会误踩到任何东西，但罗伯怎么可能会对家里的整个乱象视若无睹呢？他的笔记本电脑就摆在事发现场（即餐桌），无疑整个早上他有大半时间都坐在那张桌子旁边，规划骑行路线或观赏单车的影片。但他做完那些事后就直接起身，无视眼前恐怖的一切，径自出门了。

这就像我听过的一个冷笑话：男人的眼睛蒙着一层灰尘，使他们看不见乱象。他们不想看到的东西，都会变得看不见。我认识的每个女人都可以讲出伴侣永远看不见的东西，例如有人总是放任橱柜的门开着；有人举办派对后，就把冰箱搁在户外好几周；家里每个房间都可以看到他们的袜子和鞋子，就是不放在鞋柜里；换洗衣服总是丢在脏衣篓外；浴室里的毛巾总是皱巴巴的。我是在精神层面感受到这些令人气结的盲点，罗伯有随手放咖啡杯的习惯，家里到处都可以看到他喝完的咖啡杯，包括车库里、烤肉架上、前门外、置物间内、床头桌上，等等。如果能找到当天喝完的咖啡杯已经算很幸运了。我看过有些杯子必须直接扔进垃圾桶，因为里面已经长出一整个生态系统。出门聚会，酒过几巡后，讲这些笑话来娱乐大家还挺有趣的，但是当你正视伴侣这种选择性的视盲问题而火冒三丈时，就没那么好笑了。

那天罗伯回家后，一边脱掉山地车骑行服，把它们扔在脏衣篓旁的地板上，一边滔滔不绝地说他刚刚骑行的路线有多棒。我捡起那件湿透的衣服，开始洗那些我已经分好类、等他回来就可以清洗的衣物。我趁着两岁孩子睡午觉时，在怒火攻心下，强撑起来打扫家里。说我这时又气又烦，已经算是轻描淡写了。

他洗完澡后，脱口而出："家里看起来好极了。"

我简短地回应："是啊，只是还需要用吸尘器吸一下。"

"宝贝，家里真的看起来很棒。抱歉，我之前没有多做一些。"

我往旁边站一步，等着他去壁橱拿吸尘器，他应该会完成我刚刚提到的任务吧。才怪！他转过身，走向厨房去拿点心。我拿出吸尘器，放在走廊上，他还是没有反应。一个小时后，我自己用吸尘器打扫了房子。接着，我第五次问他，记不记得打电话给他父母，询问圣诞假期我们全家出游时可否把狗寄放在他们家？结果，他当然不记得。

我们怎么会落到这步田地？我实在不懂这种情况为什么会发生。我们明明已经谈过情绪劳动这个议题，他也说想帮忙。我在《时尚芭莎》发表那篇文章后几周，他每次都帮孩子做好外出的准备，每隔几天也会洗全家的衣服，我以为他已经知道怎么承担起他应尽的责任了。我真的天真地以为我们已经改变了，以为他失业是一次难能可贵的机会，让我们终于可以永远地平衡分担情绪劳动。可是，为什么我现在还得从地板上捡起他的脏衣服，满心怨恨呢？

我认识的每个聪明女人都知道，平衡不见得是"从中间点均分"，而是会有一些拉扯。我们的婚姻关系再怎么牢固，也绝非一成不变。事实上，预测美满婚姻的一个关键因素，是适应变化的能力①。这不仅适用于充满压力或创伤的生活事件，也适用于可预测的变化。所谓适应变化的能力，是指我们一起调适，以适应行程的变化以及搬家、失业等事件的速度和效率有多快。我本来以为经过母亲节那次顿悟后，丈夫的改变会是永远的。当我意识到那么快一切又恢复原状时，真是吓坏了。我听过很多女人对伴侣心怀怨恨，她们觉得自己被迫承担一切的情绪劳动，毫无转圜的

---

① Maria Krysan, Kristin A. Moore, and Nicholas Zill, "Identifying Successful Families: An Overview of Constructs and Selected Measures," Office of Social Services Policy, May 10, 1990, https://aspe.hhs.gov/basic-report/identifying-successful-families-overview-constructs-and-selected-measures.

余地，并为此感到绝望。我现在明白，如果不想办法尽快改变我们的关系，我很容易就会跟她们一样，陷入那种退无可退的境地。当晚，我怀着恐惧的心情，读了莎拉·布雷格（Sarah Bregel）的短文《如何看出也许你厌倦了婚姻？》，她在那篇文章中提到离婚的始末。那篇文章一直在网络上广为流传，我的写作主题跟布雷格一样，包括亲子教养、生活、爱情等，两人因而熟识。我没有料到自己会在那篇文章中看到一丁点自己的身影，或者更确切地说，至少我不希望看到自己的身影。但是我一读那篇有关离婚的文章，几乎马上就从字里行间看到情绪劳动所造成的关系紧绷。"我谈过离婚后可以成为更好的家长，谈过失望，谈过那些来来回回并强烈唤醒我的怨恨，但至少那一刻我知道，我已经放弃了。"[1] 我从来没想过放弃，一丁点都没有，但我曾又气又恨地自问过"他不在身边，为什么感觉轻松很多"吗？是的，我曾经那样问过。但我们都在改进，我们谈过情绪劳动，也看到进展，或者至少曾经看过，而且我相信只要我能找到神奇的方法，我们夫妻俩又会再次前进。接着，我在布雷格那篇文章中，看到她描述她的丈夫会做早餐、洗碗、帮忙照顾孩子，那些都是她要求丈夫做的，而且不只那些，感觉她的丈夫几乎已经彻底改正了，后来她才透露一个我早就应该料到的意外结局，她写道："江山易改，本性难移，一切总会恢复原状。我知道这种恢复原状的戏码会一再上演，直到它根深蒂固，到最后我对人生的记忆只剩下我是如何变成河东狮吼，深宫怨妇。"

① Sarah Bregel, "How to Say You Maybe Don't Want to Be Married Anymore," *Longreads*, November 2017, https://longreads.com/2017/11/20/how-to-say-you-maybe-dont-want-to-be-married-anymore/.

我把那篇文章又重读一遍，通篇都在讲情绪劳动，连我第一次阅读时没注意到的段落也是，因为我对那些情绪劳动已经习以为常了。当然，她是为了孩子而持续在婚姻里苦撑的人。当然，她也是负责跟治疗师约时间，以便夫妻俩可以一起去做婚姻咨询的人。一切都是那么理所当然。

我和布雷格通电话时，我很想知道，有没有哪个明显的转折点让她意识到情绪劳动的失衡已经失控、难以逆转了。我有点绝望地问她，过程中她有没有发现什么预警信号。但她的回应正好呼应了我最担忧的状况：情绪劳动一直以来都是那么失衡，尤其是生养两个小孩以后。她写道，她的丈夫虽然出发点是好的，却始终搞不懂情绪劳动的失衡，那些文字就好像在描写我的处境似的。她的丈夫从小看着自己的父亲不需要承担家里的任何情绪劳动，因此在他们的婚姻关系中，每次需要有人分担家务时，他们之间总会出现一股暗流暗暗呢喃："这不是我的分内工作。"当他把碗盘放进洗碗机时，他还颇为得意，希望能博得赞美，尽管布雷格做同样的事情三次也没有人会注意到，更遑论获得赞美了。每次她提起情绪劳动时，感觉好像是她在当"坏人"，导致她的丈夫心生愧疚，为他永远做得不够多而自我苛责。丈夫的那种反应使布雷格不禁产生罪恶感，有时她甚至觉得，默默地独自承担情绪劳动还比较容易一些。[1] 我突然觉得我不只从她的描述中隐约看到了自己的身影，我根本就是在照镜子。

我回想和罗伯刚开始交往时的情况，试着找出我们的关系和

---

[1] 2017 年 12 月 13 日接受笔者采访。

布雷格夫妇的关系有什么差异。或许我希望借由差异来安慰自己，我们的关系没有问题。我想毫无疑问地确定，我们两对夫妻是不同的。但是，我和罗伯之间曾经有过情绪劳动比较平均分摊的时期吗？我们从高中时期开始交往，那时我们十七岁，一起去参加共同朋友的婚礼，当时连挑选结婚礼物都是由我负责。我买了一台松饼机，把它包装好，附上我们一起签名的精致卡片。开车去参加婚礼的路上，我们都很紧张，因为罗伯对于我们以情侣身份出席婚礼感到很不安，虽然他没明说。他刻意保持沉默，不愿正眼看我或放在我们之间的礼物，这些举动令我困惑，车内的紧张气氛令人窒息。当他紧张地偷瞄一眼礼盒时，我问他是否想知道里面装的什么。他说他不在乎，我不禁翻了白眼，问他要不要我把他的名字从那张愚蠢的贺卡上画掉。我知道他有多讨厌在卡片上签字（这是在嘲讽他送我一张空白的情人贺卡）。这个问题惹恼了他，我连忙缓和气氛。显然当时的我不像现在那么擅长处理情绪劳动，但我已经开始练习了，不管当时我是否有那个意识。

当天回家的路上，罗伯花了很多时间抱怨婚姻制度，还信誓旦旦地说，他确信自己永远不会想结婚。

"我将来想结婚。"我一本正经地说，语气坚决，两眼坚定地看着前方。

我常开玩笑说，我们二十岁结婚时，根本不知道自己即将踏入什么情境。但我回想起车上的那一刻时，又觉得"或许我们知道"。在感情上，罗伯从来不是浪漫派，而我总是不肯放弃想要的东西，这些特质始终没变。然而，即使我大概知道我们的性格将如何冲撞或互补，十七岁或二十岁的我并不知道将来的自己会承担什么

37

情绪劳动，或情绪劳动在我们成年后的生活中将如何演变。那时，一切都很单纯无害，感觉像儿戏一般。事实上，我仍清楚记得当时我觉得买松饼机很有趣，那感觉很像在玩大人的游戏。当时我应该很喜欢想象我们在未来生活中合买礼物的情景，因为并排写上我们的名字感觉很浪漫。从小到大，大人一直教我把情绪劳动视为一种浪漫又成熟的举动。对青少年时期的我来说，浪漫和成熟正好是我迫切想要拥有的特质。我们一起在松饼机的贺卡上签名，就好像我在中学的笔记本上签下"杰玛·哈特莉女士"那么正式，而且更令人振奋，因为我不需要把签名藏起来。事实上，我可以把罗伯那张不安的脸庞也记起来，因为那可以瞥见我们的未来可能是什么样子。

当时我完全没意识到，"一起送礼物"带给我的惊吓，应该比带给他的惊吓还多。事实上，当我负责娘家和婆家的礼物挑选及卡片撰写工作时，已经可以瞥见我们的未来会是什么样子。因为我也看过我母亲、阿姨姑姑婶婶、祖母外婆等做过同样的事情。我看着这些跟我最亲近的女性聚在一起规划假期和家庭旅游，我看着她们为晚餐上菜，娴熟地安排家庭的行程表，以确保每件事情（从家务到家庭作业）都能完成。我从那些女性亲人照顾每个人的方式上，看得出来情绪劳动是一种持久的关爱之举，她们的丈夫也因为她们如此付出而深爱她们、尊重她们。从我的角度来看，我可以看出爱需要付出一切，至少对女人来说是如此。当时我还是一个涉世未深又沉迷于爱情的青少年，对我来说，为了爱情而牺牲自己似乎全然值得。以前我从来没想过，每年把我们的名字和三个孩子的名字写在四十张圣诞卡上，会让我心生怨恨。十七岁的时候，我光想到为全家人做这种事情就觉得乐不可支。

或许这正是我现在落到这步田地的原因。身处在美国文化中，又是在基督教文化中浸淫，我从小就习惯了把情绪劳动浪漫化。我知道，信仰虔诚的女性把"服侍"丈夫视为展现虔诚信念的不二法门。以前我就读一所规模不大、不受规范的基督教学校，那所学校从幼儿园就开始灌输我们男女角色截然不同的观念。我们广泛地学到，身为女性的力量，来自我们服务、奉献、营造社群，维系家人信念的能力。我们的本分是支持男性，让他们能够领导大家。基本上，我们负责在信仰和生活中，帮他们腾出一条通往成功的康庄大道。即使后来我开始质疑并摆脱童年时期的许多误导教育，我接收到的讯息并未完全消失。我依然相信情绪劳动本来就是比较适合我的责任，至少我"先天"就对这种事情比较在行。让我来负责这些，我可以做得更快，更方便。当我以有限的经验环顾外在世界时，这是少数几件看似真实的事情。我那个信奉基督教的祖母、无神论的姨妈，还有周遭邻居们，都为她们的丈夫负担起了所有的情绪劳动，我甚至从没质疑过可能还有别的方式。我思考未来时，想象自己从事着情绪劳动，那是贴心女友和贤妻良母的特征，也是我从小看到所有深厚持久的情感关系都具备的共通点。女性负责情绪劳动，男人就会待在她们身边，爱她们。事实上，我完全吸收了这种思想，甚至在我中学第一次谈恋爱时就开始实践。在篮球比赛日，男友需要系领带（那是我们那所基督教学校的团队仪式），我会帮他把领带打直。我知道他的行程安排，尽管他从来不会费心记住我的。即使当时年龄还小，我已经把情绪劳动视为本分。

无论我们是十二岁或二十岁开始约会，我们大多是开始恋爱时才第一次遇到需要付出情绪劳动的情况。我们的文化鼓励男性独立自主，避免太黏人，女性面对的则是全然不同的目标：我如何让这个人快乐？我们的文化鼓励女性退居幕后，把爱恋的对象摆在自己之前，并把自我价值和情绪劳动做得好不好联系在一起。我们开始交往时，除了成长过程中社会一再灌输我们的性别角色以外，已经吸收了许多被社会强化的想法，包括如何成为一个贴心女友、以后如何成为贤妻良母。女孩因此变得合群，拥有高情商，知道如何培养关系，而社会并不鼓励青春期的男孩这么做。[①] 我们找到伴侣时，会主动弥补对方缺乏的情感技能，这一切似乎变得自然而然。不仅如此，我们还会从文化中进一步收集我们"该"做的事。女朋友理当贴心关怀，但不可以太傲娇；要顾及他人的需求，不要太在乎自己的需求；要个性随和，灵活可变通。当然，这是在符合一系列父权期望的前提下所增生的额外要求（例如，要有带得出场的外表、女性柔美的行为特质，要聪明、幽默，等等）。在感情上，女人需要迎合男性，让男性感到舒适快乐，这种要求已经被放大到极致。为了外貌所下的功夫，随和又体贴的互动，以及在感情中投注的规划和深谋远虑，这些都很劳心伤神，但女性又必须掩盖努力付出的所有迹象，让一切顺利运作，无缝接轨。事实上，几乎没有什么评语比"难伺候"（high maintenance）更侮辱人了。"难伺候"大多是用来形容那些要求伴侣付出情绪劳动的女性。把情绪劳动纯粹视为劳动是很煞风景的事。男人当然想从

---

① David R. Hibbard and Duane Buhrmester, "The Role of Peers in the Socialization of Gender-Related SocialInteraction Styles," *Sex Roles* 39, no. 3-4 (August 1988), 185-202.

女人那里得到情绪劳动，但他们比较喜欢把它视为女性性格的自然延伸，是不费吹灰之力就能办到的愉悦事情，而非把女性搞得灰头土脸、精疲力竭的棘手劳动。

男性对情绪劳动的预期，跟女性截然不同。唯一的例外是他们追求女性的时候，可能会把情绪劳动当成求爱手段。这时他们会暂时为了"追到"女孩而切换角色，从事情绪劳动。我十几岁时非常爱看爱情文艺片，《恋恋笔记本》我看了无数遍（也读过好几遍原著），哭得稀里哗啦，不知用了多少纸巾，浪费了多少树。《初恋的回忆》（*A Walk to Remember*）也是如此。最近我才终于把以前收藏的一大堆尼古拉斯·斯帕克思（Nicholas Sparks）的小说送给祖母。这些小说和电影都是我"无可救药的浪漫"食粮。我最喜欢的浪漫喜剧设定总是大同小异：男人跳脱传统的阳刚刻板印象，以证明他对一个女人的爱。在《初恋的回忆》中，兰登·卡特冒着被其他酒肉朋友排挤的风险，把完成女友的临终遗愿清单视为个人使命，为她的愿望找出既具创意又深思熟虑的圆梦方案。在《恋恋笔记本》中，诺亚为艾莉建造了她梦想中的房子，他甚至不知道这样付出是否会获得认可。在《我恨你的十件事》（*10 Things I Hate About You*）中，派瑞克号召校园乐队帮他对凯特公开示爱。在如今已成经典的电影《当哈利遇上莎莉》（*When Harry met Sally*）中，哈利在除夕夜冲到莎莉面前，对她娓娓道出他爱她的所有理由。

这也难怪斯帕克思有那么多的小说被翻拍成电影，为他打造出数百万美元的事业。他把情绪劳动发挥到极致，然后把那个重担交给男人。对年轻的异性恋女性来说，那就是所谓浪漫。那些行为都充满了现实生活中很难看到的情绪劳动。很少男人会主动深入思考伴侣的需求，并把规划和远见付诸行动。虽然文化脚本可能会说，男人在最初交往及男友阶段应该做一些情绪劳动，但整体而言，我们的文化对不符合这种模式的男人比较宽容。我和那些仍处于约会阶段的女性朋友聊天时，很少人仍幻想着找到爱情文艺片里的那种男人。她们在现实中看到的恐怖故事远比浪漫喜剧还多，例如有些男人老是提起前任女友，希望你能同情他，给他一些慰藉；有些男人希望他玩电玩时，你可以在一旁静静等候；有些男人带你去他最喜欢的辣妹服务生餐厅（猫头鹰！），吃下百分之八十的餐点后，才想要跟你分摊餐费，以显示他的观念"先进"。这些都不是白马王子的特质。

然而，即使男人在恋爱初期从事情绪劳动，他们也只不过是把它视为达到目的的手段。对男性来说，从事情绪劳动本身并不是一种奖励（对女性来说，则理当视为奖励），而是追到女孩或挽回女孩的方式，那是你"领奖"的奖券。我们的文化把男性必须顾及女性的欲望、需求、情绪反应的时候视为异常，我们的文化告诉我们，那是非常时期，不会永远如此。在一段感情中，大家对男性必须付出情绪劳动有一个到期日，相反，女性则必须一直从事情绪劳动。

《当哈利遇上莎莉》中有一个情节，说明情绪劳动从一段感情中消失时，女性所经历的失望。诚如男主角哈利所说的："你送某人去机场，那显然是恋情的开始，这也是我从来不在交往初期送人去机场的原因。"莎莉问他为什么，他回答："因为久而久之两人熟了，你就不会再送她去机场了，我不希望有人对我说：'你为什么再也不送我去机场了？'"

这段对话很有趣，因为我们通常不会把送人去机场视为一种多浪漫的举动。比较常见的比喻是，男人不再带女人去跳舞，或不再带女人去特定餐馆，或不再带女人去做一些其他的体验（在恋爱初期，那些经历象征着体贴、关怀的情绪劳动）。在流行文化中，这种转变意味着一段感情岌岌可危，男性必须付出更多的情绪劳动才能"挽回"女性的心。然而在现实生活中，那是女人不仅要学会忍受的普遍经历，也是意料中的事。当对方无法履行合理的关爱行为时，久而久之你就习以为常了，也许这正是机场接送的例子令人印象深刻的原因——我们希望他人能为我们做出那种关怀、预先设想、规划的举动，因为那是我们一直在为他人做的事情。

哈利从来不送女人去机场，以降低女性对他付出情绪劳动的预期，这样做或许比另一种选择（在恋爱初期投入大量情绪劳动，但随着恋情进展，情绪劳动逐渐减少）更公平。相较于打从一开始就显现本质的人，那种一开始为了追你而大献殷勤、关怀入微的人，很容易让你大失所望。

凯特琳·嘉瑞特（Caitlin Garrett）二十五岁的时候，以为自己找到了一个童话故事中的白马王子。刚开始交往时，那个男人想尽办法对她体贴入微，从来不放过任何展现关爱及贴心的机会。她有一张照片，上面是由大圆木拼组而成的"宝贝，爱你"字样。那是那个男人在叔叔的圆木场工作时特地拍的照片，就像飞机在空中以烟雾写成的文字一样，那是俄勒冈州的乡村版空中写字。鉴于移动大圆木所花的体力和汗水，这种拼字比在空中写字更特别。在另一个工作地点，他利用休息时间为她摘黑莓，下班后再把黑莓送到她手中，那时嘉瑞特担任保管助理，很少有机会离开工作岗位去户外。她说："他知道我为忙到没时间去摘黑莓而不太开心，他太体贴太善解人意了。"她觉得，这些随机出现的浪漫举动应该会促使对方同样关注她的需求。但是随着时间流逝，他们的关系也起了变化。

他们交往六个月后开始同居，对方希望嘉瑞特负担全部生活费的一半，但预算由他决定，嘉瑞特完全无法插手。"他每赚五十美元，我才赚十五美元。"她说，"我觉得自己太穷酸了，很丢脸，只能经常透支账户来支付'一半的生活费'。"她几乎快撑不下去了，不仅经济上无法负担，同时还得符合对方的其他预期。"他希望我在家里煮三餐，做所有的家务，像特蕾莎修女关爱穷人那样伺候他。"在他们交往的整个过程中，只有最初那段短暂时间，她可以预期对方展现体贴浪漫的举动，但真正维系同居生活的情绪劳动全落在她一个人肩上。在那段关系中她成了奉献者，他变成索取者。可悲的是，在他们交往近四年的岁月中，那样的失衡状态却似乎很正常。"那感觉虽然不对，但也不至于错到离谱。我一直期待情况好转，并在情况未见起色时编造借口，欺骗自己。"后来他们不欢而散，如今分手两年后再回顾，她把那段感情视为一次学习经历，但那也是代价高昂的经历，附带许多情绪劳动和令人头痛的烦恼。[1]

这也许是许多女性很务实，不为童话般的爱情神魂颠倒的原因。当"王子"不再送我们去机场时，我们降低了对轰轰烈烈的爱情故事所抱持的期待，以避免极度失望。佛罗里达州迈尔斯堡

---

[1] 2018 年 6 月 11 日接受笔者采访。

的三十二岁自由作家兼编辑伊丽娜·冈萨雷斯（Irina Gonzalez）当初开始和现在的丈夫约会时，已经不奢望男方特地为她付出什么，她只想要一个不会索求无度却完全不付出的对象。

她说："认识我丈夫以前，我曾跟一些人短暂交往过，也认真谈过两次恋爱，那些男人常向我征询意见，但很少为我提供同样的东西。他们往往并不真的了解平等关系意味着什么。"和现在的丈夫第一次约会结束时，她可以看出这个人跟多数女孩企盼的童话中的对象不一样，而且更难能可贵。那次咖啡厅约会历经四个小时，两人对彼此真的有心，互有交流，呈现出真正的平等，为他们今后的关系定下基调。说到她的新婚生活，她表示："我们尽力把家务平均分摊，而且尽量根据彼此的优点，也就是每个人的好恶来划分。"[1]她知道她不必要求他吸地板、洗碗或倒垃圾，因为那些事情都是他的责任。但这不表示她不需要以其他方式承担情绪劳动的精神负荷。她依然负责家中的财务开支、旅行规划和时间安排。她坦言要是决定生小孩的话，时间安排可能会变成争论点，但目前家务的分工很适合他们，她的感情世界有了一个幸福的结果。另一半总是主动清扫屋子时可能不像电影剧情那么浪漫，但长远来看更有价值。

当我回顾自己的感情关系时，我知道这是真的。日常的情绪劳动远比煞费心思的求爱举动更重要。当然，偶尔谈一场轰轰烈烈的爱情也不错，但是那种行为并不是让恋情日复一日、年复一年发展下去的动力。当我们渴望轰轰烈烈的爱情时，注定会大失所望，因为那种行为很少见，而且那种恋情也会让我们对于男人

---

[1] 2018 年 6 月 10 日接受笔者采访。

所付出的情绪劳动抱有错误期待。求爱需要费尽心思，但那不是维系感情的日常情绪劳动——那不是送你去机场，不是记住你母亲的生日，也不是注意到水槽里的盘子没洗，我们仍把这些日常劳务留给女性来做。我们打从一开始就在追求错误的幻想，而且往往花很长时间才能搞清楚真相。

一个朋友告诉我，她和丈夫决定直接结婚，省掉令人心醉神迷的订婚时，我记得自己听完后，内心有一种如释重负的感觉。因为当时我已经花了几年时间，瞎掰一个从未发生过的订婚故事。故事中有一个不曾存在的戒指，还有一些从未说过的浪漫情话。我尽可能不让故事偏离现实太远，但随着朋友和同事一再追问我们的订婚细节，那个故事变得愈来愈浪漫温馨。在粉饰过的版本中，我们躺在床上，他滔滔不绝地说着他喜爱我的一切（这时我笑着开玩笑说，我以为他只是想跟我上床，所以我躲开他，因为我累了。）接着，他靠近我，就在我快要睡着时，他俯身把一个戒指盒放在我面前，并在我耳边呢喃："你愿意嫁给我吗？"然而实际上，我们只是躺在床上讨论结婚，就像以前多次讨论的那样，然后我们决定结婚了。他确实问了我那个问题，我也确实回答："我愿意。"后来我们一起去挑了戒指。但在缺乏足够想象力及奇巧谎言下，真实情境无法瞎编成感人肺腑的故事。

我觉得有必要瞎编一下订婚的细节，这件事多年来一直困扰着我。每次有人要我讲述我们是如何订婚的，我就不禁畏缩。我不想承认，我的未婚夫并没有像社会所期待的，为这个重要时刻承担起情绪劳动，即使我并不在意他是否那样做。私底下，我对订婚经历一样平凡的朋友透露，我们的决策过程总是让我确定，我们是基于爱和理性而决定订婚，而不是受到可能影响我决策的观众所左右。这种人生的重大决定为何非得公之于众呢？然而我也无法忽视一个事实：我内心深处那个迷恋爱情文艺片的少女，依然渴望在那次求婚中拥有前所未有的浪漫。现在我知道原因了：在现实生活中，在缓慢而稳定的权力转移发生之前，求婚理当是男方的最后一次情绪大劳动。

电影把焦点放在令人神魂颠倒的求婚场景及童话般的婚礼上，但并未展现出"从此以后过着幸福快乐的生活"的真实模样。我们在电影中看到的是一段关系的开始，或者就是以情绪劳动作为第二次机会，承诺未来。电影告诉我们，爱情一开始，男人需要投入情绪劳动——有时我们可以在现实生活中得到那种情绪劳动（尽管规模较小），但有时我们得不到。

不过在我看来，无论我们是否得到那种情绪劳动，最后大家的处境都大同小异。随着恋情不再火热，转为更舒适稳定的关系，我们对情绪劳动的预期也开始改变。那些一开始在照顾家庭和情绪方面承担较多责任的男人会慢慢放手。他们把情绪劳动的责任交托出去，只因为女性"在这方面比较在行"。到了成年时期，女性的情绪劳动技能变得更加娴熟，再加上经历的悬殊，男人似乎觉得交出情绪劳动的责任是理所当然的。无论是否有意，男性往往把情绪劳动视为达成目的的一种手段，而女性则把情绪劳动视为一种存在方式。这也是为什么女性会从一开始幸福平等的关系，走到若干年后满心怨恨的田地。

在我的婚姻中，为这段关系承担所有的情绪劳动并非一夕之间的转变，也不是有意识地全盘接收，而是一段漫长的渐进过程，尤其我和罗伯从年少就开始交往。我们刚认识时，有另一个女人为他叠衣、做饭、写贺卡，也就是他的母亲。然而，即使男人有时间独处，他们一旦有交往对象后，通常会为了减轻精神负荷而放弃在许多方面的独立自主。他们把情绪劳动的责任交给伴侣来承担，那可能是缓慢的改变，也可能是一次骤然巨变（例如从同居开始）。男人与亲友的关系（包括社交活动），突然归属于“夫妻／情侣”的范畴，而不再是男人自己，这个问题本身已经够麻烦了，但是随着女性被训练得对情绪、亲属、家务等方面的责任更敏感，她们逐渐成为“夫妻／情侣”中那个负责维系那些人际关系的人[1]。我就是这样变成在婚姻中负责注意行程安排之人的，我不仅要提醒丈夫他的家人何时生日，还要帮他写下他不愿签名的贺卡。

　　男性不仅让自己的家庭社交关系就此松散，随着时间推移，他们对营造温馨美好家庭的参与程度也逐日减少。在家务方面，男性的干活速度往往较慢，标准也比较低，所以女人只好独自包揽，只有在迫切需要帮忙时才把任务交派出去。这部分可能是因为女性通常把家务的整洁与个人成败相联系，而男性的成败只和工作有关。[2] 无论女性是否意识到这点，我们的自我价值都和家庭劳务

---

[1] Micaela di Leonardo, "The Female World of Cards and Holidays: Women, Families, and the Work of Kinship," *Signs* 12, no. 3 (Spring 1987): 4410-53, https://www.anthropology.northwestern.edu/documents/people/TheFemaleWorldofCards.pdf.

[2] Jeanne E. Arnold, Anthony P. Graesch, Enzo Ragazzini, and Elinor Ochs, *Life at Home in the Twenty-First Century: Thirty-Two Families Open Their Doors* (Los Angeles: Cotsen Institute of Archaeology Press, 2012).

息息相关。此外，社会也默认女性应该维持家庭的井然有序。如果有人来造访我家，发现我家乱成一团，为此感到内疚的人一定是我，而不是罗伯，因为大家默认在乎家庭整洁的人是我，所以我总是把家里打扫得一尘不染。

这些事情不见得会多到令人难以招架，但是那种疲于应付的感觉总是在表层之下酝酿着，而且几乎一定会发展到一个爆炸点。那时我们总是失望地发现，自己是唯一扛起一切情绪劳动的人，也纳闷自己为何会落到这步田地，却在过程中毫无察觉。肩负起所有的情绪劳动是一种渐进的过程，而且自然而然地呼应着感情关系的发展。那是双方都已经习以为常的文化规范，未经讨论就发生了，只是女性是为此付出代价的一方。我们牺牲了自己的时间、情绪活力、精神空间，以解决情绪劳动的问题或独自承担全部的工作。女性有责任找出解决方案，让男性明白自己的责任所在，而这也强化了情绪劳动"先天"是女性职责的观念。除非我们表达出来，否则我们无法指望男人投入情绪劳动。当我们对自己付出那么多情绪劳动而感到沮丧时，那也是"我们的错"，因为我们掌控那些事情的方式使对方产生了习得性无助（learned helplessness），于是改正或处理这种问题就变成了"我们的任务"，因为你不处理的话，没有人会去处理。

当贤妻良母的文化压力，再加上我长期以来对情绪劳动的思考和投入，使我很容易就适应了这个转变。我觉得罗伯从来没有刻意把所有家务、精神负担、亲属劳务、家庭安排等事情全部推给我，一切转变看上去顺理成章。长久以来，我就像许多女性一样，对此毫无察觉。一般人往往不会意识到这种任务换手的累积效应，因为我们不会一次同时做所有的工作，至少一开始不是如此，我们是逐一把那些事情揽在自己身上。

由于你总是率先回复邀请你们两人一起参加喜宴的请帖，久而久之，回复邀请函便成了你的任务。他说他不知道该买什么礼物送给家人时，你帮他买了礼物，久而久之，这又变成你的责任。某次（或许是两次）他拖地拖得马马虎虎，你决定还是自己来比较干净。用过的碗盘一直搁在水槽中，你不希望脏碗盘一直堆到地老天荒，于是你又把洗碗盘这件事揽在自己身上。他把换洗的衣服扔在脏衣篓旁边就出门了，等他回到家，发现那些脏衣服都已经捡起来、洗好、叠好，收进了衣橱里。在"谁先注意到状况"的等待游戏中，女性几乎总是比男性更早发现。虽然不是每次任务都由你实际动手，但你还是得负责交派任务，因为注意到地板上的袜子，想到某人生日快到了，注意祖父母是否都收到圣诞贺卡等无限延伸的精神负担，现在已经算是你的任务了，因为上次是你主动做的。

至于我们是如何落到这步田地的，答案是，我们是逐步陷落的。童年时期我们观察周遭世界，在耳濡目染下接收了"情绪劳动是女性任务"的讯息，以为那是我们与生俱来的权利、先天的优势、浪漫的命运安排。我们在感情世界里浮沉，希望找到"真命天子"时，也不乏练习情绪劳动的机会。幸运的话，我们可以找到一个好男人，一个思想先进的男人，一个只要我们开口求助就愿意帮忙的男人，这才是童话故事的真实结局。之后，我们接着展开一段新的旅程，慢慢地承接一件又一件的情绪劳动。我们这里操心一点，那里提醒一下，那都没什么大不了，也不明显，确实没什么好抱怨的。我们就这样一小步一小步地迈向愈来愈严重的失衡状态。每一小步都是如此隐约微妙，小到几乎察觉不到。直到某天，我们在验孕棒上看到两条小蓝线，情况突然急转直下。

第二章

母职让情绪劳动升级

看到验孕结果呈阳性反应的那一刻，我的世界彻底变了。不仅是因为我通过母亲这个身份所体验到的深厚母爱，也因为知道怀孕的那一刻，我一脚栽进了情绪劳动的深渊。当下我尖叫出来，喜极而泣，惊讶地凝视着那个测试结果。接着，我在一小时内约好妇产科的看诊时间，订阅了《海蒂怀孕大百科》(*What to Expect When You're Expecting*)，找到一个妊娠计算器帮我了解这个阶段需要知道的一切事实，并开始上网搜寻育儿信息。"情绪劳动 2.0 版"的启动时刻到了！

我快生第一胎时，以各种可能的方式做了过多的功课和研究。我想为即将到来的一切做好充分准备，因为我知道事关重大，现在我做的每个决定都会影响到另一个人。"把事情做对"的压力是我从未经历过的，而且这种压力特别大，因为尽管一个新生命的形成需要两个人合作，但知道这个新生命出生之后下一步该做什么，却是我的责任。

我和罗伯去逛塔吉特百货（Target），浏览产前派对的新生儿礼物选项时，我盯着手中那份庞杂的建议清单，明显地感受到这种新的精神负荷有多沉重。我脑中也记得亲友给我的一切建议，诸如哪些育儿用品我需要，哪些我不需要，而那些建议之中，还有不少彼此矛盾。我们在婴儿食品区停下脚步，我需要买可微波的奶瓶消毒机，还是把奶瓶放入开水中消毒？我把这个问题列在清单上，以防万一。接着，我们看到一个晾干奶瓶的专用架，看起来像一片橡胶制的麦草。这玩意儿把我难住了，我不知道该不该买，我已经到达心智的极限，拿不定主意。我让罗伯做决定，但他不愿做主。"我不知道，这种事情只有你知道，你比我更清楚我们需要什么。"偏偏我就是不知道，而我确定知道的知识，主要是靠我自己研究获得的，而不是从怀孕那一刻起就神奇拥有的为母常识。母亲不是先天就知道下一步该怎么做，包括新生儿的送礼清单上该纳入哪些、如何辨识常见的婴儿疾病、我们该问医生什么问题，等等。但我们会去学习，我们会下功夫、投入时间研究，即使我们觉得这些事情不见得很吸引人或很有趣，我们还是会做。因为我们不做的话，还有谁会做？

怀孕使身体疲惫不堪，但心理与情绪上的疲惫也许更令人殚精竭虑。我请罗伯陪我时，他总会在身边给予支持，但其他的细节如预测胎儿的需求等，就只能靠我自己操心了。我负责把大量的育儿新信息存在脑中，暗自祈祷怀孕的大脑不会遗忘任何细节。罗伯其实可以自己学习那些育儿书，他可以去搜索一些文章，以了解该为新生儿采买什么，或是如何烹煮及冷冻自制的食物泥，或是如何为我自制产后敷垫。但他的脑中从未闪过这些念头，他不需要自学这些东西，因为我已经为我们两个恶补了这些知识。虽然我很紧张，也很疲累，但我对罗伯的无所作为并没有任何不满，毕竟这种分工已经在我们的心底根深蒂固，我们两人从未想过还有别种分工方式。我甚至从未要求他读育儿书，部分原因在于我知道我会灌输他重点信息，另一部分在于我知道他不会去读那些东西。

新手父亲往往不会承担同样的情绪劳动，大家也觉得那很正常。我们允许自己在新手父母之间画一条分隔线：一边是帮手，另一边是当责者，而且甚至在婴儿出生以前就如此划分了。女性负责学习知识、操心，以及承受无法转移的胎儿发育过程，而且外界一再告诉女性要享受那个怀孕的过程。我们的文化迷思宣称，怀孕期间的一切情绪劳动都是自然的，所以不算真正的劳动。新生儿的送礼列表、育儿知识的研究、婴儿房的装饰等，理当都是很有趣的事情。当然，有些事情确实很有趣，但大部分是很普通及简单的工作。需要准备的事情多如牛毛，我们踏进产房时，待办事项多到难以计数。尽管许多人告诉我，日后回顾怀孕的过程时会发现，生产之后真正的劳动才开始，但很多的情绪劳动其实早在孩子出生以前就展开了。

不过我还是一直希望，孩子出生以后，我们可以实现负担平等的理想。我深信当儿子出生后，我和罗伯肯定会齐心养育孩子，但产后发生的一切很快就毫不客气地打醒了我。

我生第一胎是一次惊心动魄的分娩体验，整整持续了二十二个小时，并涉及多次非必要的医疗处置。分娩前我花了几个月的时间，为美好的自然分娩作准备，没想到那些准备完全派不上用场。分娩后，他们把我转到恢复室时，我身体有多处瘀伤，浑身发抖，血流不止，我甚至怀疑自己是不是快死了。分娩造成的疼痛感依然强烈，我完全无法思考。住院期间，我每次去距离仅十步的洗手间，都需要有人搀扶。我常盯着时钟，等待注射下一剂止痛药，尽管药效不明显。后来又过了几周，我洗澡时才不需要丈夫扶着并帮忙洗背。我无法想象出院回家后还要照顾另一个人。整个分娩及新生儿照护的过程，简直残酷得令人无法忍受。

当然，这一切也因为罗伯没有陪产假可请而变得雪上加霜。他在零售业的工作只有不到一周的休假，而且同时他还在学校读书。事实上，他必须离开恢复室两次去参加期末考。（后来女儿出生时，这种情况又再次重演，我们家的小孩很会挑出生时间。）由于我在零售店一直工作到临盆前夕，生个孩子意味着再也不用回工作岗位了。零售业的工作时间使员工根本找不到与上班时间同步的托婴服务，即使找得到，我们的薪水连质量堪虞的托婴服务都付不起。所以我后来不得不思考如何善用刚拿到的英文学位，与此同时我必须省吃俭用，好让这个刚来报到的小生命存续下去。

虽然迅速成为孩子的唯一照护者实在很折腾人，但一点也不意外。我因薪水略低于托婴费用而不得不辞职，这是我们决定怀孕之前就讨论过并达成的共识，所以我早有准备。但我没料到的是，当我们从伴侣变成父母时，我们的角色会突然发生转变。早在我们离开医院之前，我们对彼此的期望已经很明确，从那些预期可以瞥见母职是如何导致我们之间的情绪劳动更加失衡的。

我们终于在产后恢复室安顿下来时，我已经差不多两天没睡了。坦白讲，即使累到精疲力竭，我还是满怀感激，因为那种疲倦感强烈到让我觉得睡眠比疼痛更重要。然而当我开始入睡，婴儿放进我床边的摇篮时，有人敲门进来，把一沓文件摆在我的医用托盘上。护士指着上面那张纸，向我解释，我必须自己追踪每次排便和喂奶时间，以及每次喂奶持续多久，并记录在那张纸上。宝宝上次吃奶是什么时候？喂哺姿势如何？我是喂他初乳还是牛奶？胎便排出来了吗？胎便看起来正常吗？我怎么会知道？我前方的墙上挂着一块大白板，上面告诉我何时可以服用下一剂止痛药和消炎药。每次我需要去洗手间时，都得按呼叫钮，这样就有人来帮我了。我整个人迷迷糊糊的，脑中仿佛一坨糨糊，麻醉药效还没全退，而且痛得要命，根本不敢坐起来看我面前那些堆积如山的信息。我才刚生完孩子，为什么那些都是我的责任？罗伯坐在旁边，身心完好无损，由他来记录喂奶和更换尿布的时间，阅读那些文件，填写表格再简单不过了。以我当时的状态来看，由他代劳是唯一合理的解决方案，不过在我住院期间，护士只对我传达信息，我必须自己记住那些海量的信息。在产后恢复期及完全恢复意识之前，我迫切需要罗伯担任我的代表，但是对那些鱼贯进出恢复室的医生和护士来说，罗伯好像完全隐于无形。

他们似乎只对我说话，然而住院那三天，却没有一个护士知道我的名字，他们只叫我"妈妈"。我内心深处有一股强烈的欲望想告诉他们：我有名字，我不想让母亲这个新角色抹除了我的人格。但我担心那样讲会使他们感到尴尬，所以我索性不说话。他们一直叫我"妈妈"，每次互动似乎都包含着同样的意味：现在你是妈妈，这是你的任务。

　　初为人母的那几天，我因睡眠不足，已经不太记得发生了什么，但我确实记得罗伯常问我："我能做什么？"他那样问是为了帮我。他不知道该做什么，因为他没有收到如雪片般涌来的医院小册子，没有读过育儿书和博客，也没有像我那样做准备。他其实是在向我寻求指引，毕竟那是我的任务。然而，当时我脑中唯一浮现的想法是："我也不知道！"阅读育儿书和亲自带一个活生生的小婴儿回家，是全然不同的体验。我带着孩子踏进家门时，马上意识到我根本不知道自己在做什么。医生让我们出院，显然犯了一个可怕的错误。我实在很不适合执行这项任务，但我们已经走到这一步了。罗伯问我要做什么，要求我指派任务，因为他觉得我理当知道，尽管我不知道答案，但显然我需要尽快找到答案。我需要为我们两人赶快了解状况，于是我们的家庭分工开始出现更深的分歧——我变成了那个知道该做什么的人，罗伯变成我知会的对象。这并不是说他没有尽到育儿的责任，他确实做到了。我叫他换尿布，他就会帮宝宝换。我学到任何诀窍，都会示范给他看。他做得远比我一些朋友的丈夫还多，她们的丈夫光是看顾一下婴儿，就需要不断地威迫利诱和赞美才愿意。再过一段时间，我就可以安心出门，不会再接到惊慌失措的电话或消息，来询问我最基本的育儿信息。现在，我连出门上瑜伽课或跟朋友共进晚餐都毫不迟疑了，我相信罗伯可以不疾不徐地承接主要照护者的角色，他也不期待我会为这种看顾孩子的任务而称赞他。我知道很多女性没有我这样的余裕。

　　最近我带着晚餐去探望一位刚生下孩子的朋友时，我才意识到这点。当时她丈夫到外地出差，我只身一人前往，不想带三个年龄较大的孩子随行，以避免为她增添压力。她开门时，看到我怀里抱着千层面，而不是两岁的孩子时，似乎很惊讶。

"你的孩子呢？"她环顾四周，看孩子是不是躲起来了。

"他们和罗伯一起待在家里。"

"他真是体贴。"

她说这句话时，就像我的许多朋友一样，丝毫没有讽刺的意味。许多女性朋友认为，罗伯让我出门赴约，帮了我很大的忙，而我想必会以某种方式回报他。根据她们的经验，克尽父职是有条件的。照顾自己的孩子从来不是男人的工作，而是男人可以拿来交换好处的恩惠，那是一种诚意非凡的展现。当晚我离开朋友家时，她还要我替她感谢罗伯，我实在很想摇醒她。

"他是在看顾自己的孩子，不需要什么感谢。"我说。

"无论如何还是要谢谢他。"

我无法想象她的丈夫，甚至我自己的丈夫与朋友之间会有这样的对话。一个父亲出现在公共场合时，没有人会问他的孩子在哪里。他的朋友也绝对不会因为我在家里带三个孩子，好让他自由享用时间而赞叹不已。对母亲来说，身为主要照护者是理所当然的；对父亲来说，则成了加分的特质。

这点在比较单亲妈妈和单亲爸爸上特别明显，我们以高标准来衡量单亲妈妈，却对单亲爸爸充满同情和关怀。斯蒂芬妮·兰德（Stephanie Land）在《身为穷困母亲的精神负荷》一文中，描述她不仅独自抚养孩子，还有囊中羞涩的沉重负担。"没有人主动帮忙……我的大家庭财力很有限，他们几乎没有时间陪我女儿。

他们从来没问过能不能留她过夜，甚至从来没有带她出去吃过饭。她的父亲只付很少的抚养费。有时我会开口向他求助，例如请他多看顾孩子一天，好让我出去工作，但他可能临时告诉我没办法，害我必须临时去找托儿服务，不然我可能会丢掉饭碗。"[1] 她的精神负担不单是没时间做简单的家务，也不是来自那些简单的家务，她的情况不像艾玛·莉特（Emma Lit）的热门漫画《你早该开口的》那么单纯（那漫画是描绘中产阶级异性恋夫妇所承受的不平等负担[2]）。兰德权衡决定时，会顾及每个细节，包括她是否有能力避免家人挨饿。她不仅承担比较沉重的情绪劳动，也受到更严厉的评判。每次她写到身为人母又贫困的情况时，都可以明显看到这种压力。她已经竭尽所能，但依然捉襟见肘，网友依然阴阳怪气地指责她道德沦丧。

　　社会强加在单亲妈妈身上的标准，高到令人难以置信，而帮助单亲妈妈从情绪劳动中解脱出来的资源根本付之阙如。我们的文化赞美母职，认为那是"女人能胜任的最重要的任务"，却几乎没有给母亲提供任何支持（光看那些出奇昂贵的托儿费用即可了然）。而且，当我们无法完成预期的工作时，社会还会责备我们有失母职（即使我们必须独自应付，毫无协助）。这种情况在黑人母亲及有色人种的女性身上更是明显。她们在母职与种族身份的交叉处，面临着层层评判和苛责。她们不仅负担自家的情绪劳动，还得负担整个黑人社群的情绪劳动。拉希娜·方丹（Rasheena Fountain）在《赫

---

① Stephanie Land, "The Mental Load of Being a Poor Mom," *Refinery* 29, July 25, 2017, http://www.refinery29.com/2017/07/160057/the-mental-load-of-being-a-poor-mom.

② "You Should've Asked," *Emma* (blog), May 20, 2017, https://english.emmaclit.com/2017/05/20/you-shouldve-asked/.

芬顿邮报》评论版上发表的《黑人单亲妈妈不只是代罪羔羊》一文中写道："如果每次有人因为美国黑人社群的问题而谴责单亲妈妈，我就能得到一美元的话，我早就发了。如果每次有人说，单亲妈妈的问题只要让家里多一个男人即可解决，我就能得到两美元的话，我会更加富有。"[①] 她解释，有些人常把黑人社群的弊病归咎于黑人母亲，这类说法令她非常失望。那些弊病大多根植于白人至上的文化，而不是因为黑人单亲妈妈享有社会福利。认为"黑人单亲妈妈滥用社会福利"这样的刻板印象不仅是错的，伤害也很大。她指出，在黑人和西裔社群中，未婚妈妈的人数正在减少，单亲妈妈中接受高等教育的人数正在增加，还有许多黑人单亲妈妈抚养出有为青年的例子。但无论单亲妈妈努力跨过多高的门槛，大家似乎都觉得她们的付出永远不够多。

相反地，单亲爸爸完全不受同样的标准约束。上谷歌迅速搜寻一下那些为单亲爸爸加油打气的社群，就会看到温馨的例子，例如一个单亲爸爸公开写到他难以支付三个儿子的胰岛素费用，文章一发，陌生人的善意回应马上如雪片般蜂拥而至。[②] 另外，还有单亲爸爸学习帮女儿梳头或穿衣打扮的"感人"网络故事。母亲做同样的事情时，永远得不到同样的赞赏。即使那些单亲爸爸只想获得平等的看待，但社会为他们设立的门槛标准之低，简直令人难以置信。

---

① Rasheena Fountain, "Black Single Mothers Are More Than Scapegoats," *Huffington Post*, April 6, 2016, https://www.huffingtonpost.com/rasheena-fountain/black-single-mothers-are-_b_9619536. html.
② Michelle Homer, "Community Rallies Around Houston Dad Struggling to Pay for Three Sons' Insulin," KHOU11, June 9, 2017, http://www.khou.com/features/community-rallies-around-houston-dad-struggling-to-pay-for-3-sons-insulin/447076681.

最近我工作很忙时，罗伯主动带孩子出门，让我在安静的空间中专注地工作。他先带孩子去开市客（由于购物车大到可以一次放三个孩子，那里是最方便的购物地点），接着又带他们去吃冰淇淋。那确实是非同小可的出游，但我独自带三个孩子这样出门很多次了。对我来说，听到"一打三，不简单"这类评语并不罕见，但我和陌生人之间的互动顶多就到这里而已。相反地，我丈夫带三个孩子出门，总是能获得许多赞美，陌生人对他的勇气充满钦佩。购物过程中，许多人对他说，他真是杰出的好爸爸。他带孩子去吃冰淇淋时，一位长者认为他主动把那天当成了"奶爸日"（dad day），以便给我喘息的空间，为此一直称赞他。他遇到的每个人几乎都觉得，男人光是带着所有孩子出门就是一件非比寻常的新奇成就。

幸好他自己没有那样想。事实上，他从冰淇淋店回家后，还为此感到不满，尤其那位长者的"奶爸日"说法令他特别恼火，因为那样说贬抑了他所做的事情：那才不是什么奶爸日，他是在恪尽父职。

罗伯对孩子的了解，几乎跟我一样多。他带孩子上超市采购的频率、安抚孩子睡觉的频率跟我不相上下，他为孩子做饭的频率也跟我一样，甚至可能更高。少数他错过的事情（例如午睡惯例、晨间惯例、偶尔的一些怪癖等），只因我是居家工作的家长，我有较多时间陪在孩子身边罢了。他努力想成为跟我一样称职的家长，所以社会对父职设立的超低门槛令他失望。他期望社会对父亲抱持更高的预期，因为他远在那些低标准之上。

诸如此类的时刻常提醒我，为什么像罗伯那样的男人很难在家庭中掌控情绪劳动，我想主要是因为那不是社会常态，社会对他们没有那样的期待。在情绪劳动方面，罗伯在成长过程中所承受的社会压力与我完全相反。社会并不要求他展现关怀，事实上，大家私底下还会觉得关怀入微不够男性化。他生命中的那些男人从来不会花时间写信给祖母，或为家人做饭，或是以平等的家长及伴侣的身份肩负起家庭责任。男性的主要社会压力是养家糊口，社会要求他们永远把负担家计这件事摆在家庭、关怀、情绪劳动之前。社会没有给他们余裕去学习其他事情，也没有提供支持系统来帮他达到在家里想要达到的平等状态。诚如蒂法尼·杜芙在《放手》中所写的："除非女性在职场上的贡献与家庭中的贡献同样被看重，否则男性在家庭中的贡献，就永远无法与职场贡献获得同样的重视。就像女人在职场和家庭中都需要肯定一样，男人也是如此。"[1] 然而，那样的肯定往往永远得不到。他们的努力虽然受到表扬，却因为那种过分夸大的表扬方式，而贬抑了他们努力的价值。男人因为照顾孩子而获得赞扬，就好像孩子随便整理床铺或穿两只不同的袜子配上亮晶晶的拖鞋，我们就大肆夸奖一样。我们赞扬了他们的努力，却对他们的无能视若无睹。然而跟孩子不同的是，男人往往不会因为时间久了，就能学会把这些事情做得更好。相反地，由于缺乏让他们承担情绪劳动的同样的支持，他们随便做做以后就会把那些情绪劳动丢还给女人。跟我们不同，他们觉得那不是他们的分内工作。

顾及每个细节是母亲的职责，而且一说到照顾孩子，细节更是多如牛毛。杰米·英格尔（Jami Ingledue）在《赫芬顿邮报》发表

---

① Dufu, *Drop the Ball*, 211.

的《母亲的心理负荷》一文中提到,几件事情是她必须不断跟进的:房子里的东西(玩具、衣服,几乎一切物品)、购买礼物、亲属任务、与学校有关的一切事务、行程安排、一日三餐,以及家人的情感需求,而且这几项还只是随机列举的,她跟进的东西根本不胜枚举。"那份清单简直没完没了,可以填满整本书。"她写道,"我没有足够的大脑空间把所有都列举出来。"①

每个母亲的脑中都有这种"列表",而且列表还会天天更新、变长。孩子参加校外教学的表格已经签了,费用也缴了,这项任务可以画掉了;女儿的衣橱门脱轨了,要叫丈夫修理一下;我已经更新了孩子的洗浴时间表:老大今晚需要洗一次,老二和老小明天再洗;女儿现在敢吃莴苣了;儿子不敢吃葡萄……这些都只是我脑中那个数据库里资讯的万分之一。我丈夫的列表虽然也很庞杂,但等级跟我的还差得很远,因为他没必要关注那么多事情。如果有什么真的重要到需要父母双方都知道,那也是由母亲来向父亲转达。

当你是唯一负责追踪动向的人时,你只能靠交派任务来帮助自己。如果不寻求帮助,减轻负担就会愈来愈难,因为你已经无法干脆放手不管,必须得交派出去,而且交派技巧还要拿捏得很巧妙。

为人母后,家庭管理者的角色会变成一头庞然巨兽,因为情绪劳动不再只是预期,而是非做不可。还没有小孩以前,你与伴侣一起生活也许不容易,但与孩子出生后相比肯定轻松很多。如果你在夫妻关系中是抱着"人各为己"的态度,你们的关系会紧张,

① Jami Ingledue, "The Mental Workload of a Mother," *Huffington Post*, July 24, 2017, https://www.huffingtonpost.com/entry/the-mental-workload-of-a-mother_us_59765076e4b0c6616f7ce447.

但不会有人阵亡。一旦有孩子以后，情况就不同了。孩子需要你投入大量的体力劳动和情绪劳动，而且是非投入不可，由不得你选。

家里一定要有人抱起哭闹的婴儿，谁经常抱起那个哭闹的婴儿，谁自然而然就成为主要照护者。那个人通常是在家带孩子的家长，再加上美国的陪产假少得可怜，所以那个人通常是母亲，这点父母通常别无选择。母亲变成了解及关心孩子需求的人，变成第一个对付孩子哭闹的人。照顾一个毫无自理能力的小人儿是一件非常累人的事，女人只能学习忍受那种压力。社会对女人的期许就是如此，不管女人是全职妈妈，还是有辛苦的全职工作。

《过劳人生》(*Overwhelmed: Work, Love, and Play When No One Has The Time*) 的作者布里吉德·舒尔特 (Brigid Schulte) 写道："如今，连母亲也要投入夸张的时长在母职上，新居家生活运动 (New Domesticiry) 敦促理想的母亲自己养鸡，栽种有机蔬果，编织，腌渍蔬菜，甚至让孩子在家自学。"[1] 我们把很多时间投注在母职上，牺牲健康和理智以完成"兼顾一切"这个不可能的任务。我们承担的情绪劳动超过了个人极限，又得不到伴侣的分忧解愁。亲子教养需要大量的情绪劳动和脑力劳动，这些劳动大多落在我们身上。女性承担繁重的苦差事、劳心费神，还要参与亲子教养以外的其他活动，而男性，即使帮忙分担，也是分担那些比较不费神的部分。

与前几代相比，现代父亲花在孩子身上的时间确实比较多，但他们所投入之事与母亲相比则大不相同。2006 年澳大利亚社会学

---

[1] Brigid Schulte, *Overwhelmed: Work, Love, and Play When No One Has The Time* (New York: Farrar, Straus and Giroux, 2014), 185.

家林恩·克雷格（Lyn Craig）分析了女性的时间运用日记，以了解女性是否依然花较多的时间担任主要照护者（确实如此），以及父母提供的照护质量是否不同（确实有异）。结果发现，母亲依然是"预设"的家长，担负着育儿的身心劳务；相对地，父亲比较可能是"康乐"家长，他们陪伴孩子的时间大多是用来聊天、玩耍，从事娱乐活动，而不是其他类型的照护。克雷格写道："而且相对而言，女性投入的照护工作，可能比男性投入的照护内容更劳心费神。所以，即使父亲与孩子相处的时间确实比以前多，但他们可能并未帮母亲减轻育儿重担……如果男性和女性承担的育儿任务不同，或者育儿的时间限制或管理责任不同，那么即使男性的育儿时间增加了，女性在平衡工作和家庭责任方面依然得不到充分的协助。"[1]

然而，男性通常看不到情绪劳动的分配不公平。即使数据显示劳动分配不公平，他们依然认为他们与伴侣平分了家务劳动和育儿负担，或至少已经接近平等分摊了。如果光看"美国时间运用调查"（ATUS）的数据，男性的想法并没有偏离事实太多。在父母都有全职工作的双薪异性恋家庭中，母亲每周的平均育儿时间是 10 小时，男性是 6.7 小时；女性花在家务上的时间每周近 12 个小时，男性是 8.4 小时。[2] 在这两种情况下，男女每天在育儿和

[1] Lyn Craig, "Does Father Care Mean Fathers Share? A Comparison of How Mothers and Fathers in Intact Families Spend Time with Children," *Gender & Society* 20, no. 2 (April 2006): 259-81, DOI: 10.1177/0891243205285212.

[2] Juliana Menasce Horowitz, "Who Does More at Home When Both Parents Work? Depends on Which One You Ask," Pew Research Center, November 5, 2015, http://www.pewresearch.org/fact-tank/2015/11/05/who-does-more-at-home-when-both-parents-work-depends-on-which-one-you-ask/.

家务方面投入的时间差异分别约半小时。然而，这些信息并未说明谁负责确保任务的完成。女性除了每天多花时间在这类工作以外，她们通常也担负起确保这些任务切实完成的脑力和管理工作。由于社会对父亲的期待较低，即使他们不熟悉育儿细节，大家也不会苛责。他们默认伴侣会记得所有细节，因为那向来是伴侣负责。他们没想到这种情绪劳动也是女性的额外负担，他们甚至看不见这些情绪劳动。他们觉得自己的"帮忙"已经够了，因为社会看待父职与母职的方式并不一样。

部分原因在于，身为母亲，我们抱持着"育儿是我们的职责范围"这种先入为主的观念，父亲往往被降格为助手的角色，不管他们是否愿意接受。虽然很多人不再认同"父亲不善育儿"这种过时的刻板印象，我们还是不放心让男人来主导育儿任务。孩子出生时，我们常看到男性不擅长处理情绪劳动。因为女性怀孕期间所深入了解的事情，对女性有较多切身的影响，但男性可能连想都没想过那些。这种不放心把育儿重任交给男性的心理，某种程度上确实有一些道理。接着，社会对父职的认识不足，又强化了这种不放心。社会并不重视男性投入父职，也不像对母亲那样以那么严苛的标准来要求他们，这不仅导致女性陷入情绪劳动的深渊，也阻碍男性成长，导致男性无法充分进入家长的角色。男性只能听伴侣告诉他们需要知道什么，以及需要做哪些。这样做或许比较轻松，但情绪劳动中的性别失衡也降低了男性身为父亲的成就感。

我们需要允许及鼓励男性来分担情绪劳动，那样做不仅是为了减轻母亲的负担，也是为了让父亲有机会获得更全面、更有成就感的育儿经验。《愤怒的白人男性》（*Angry White Men*）和《男人的女权主义指南》（*The Guy's Guide to Feminism*）的作者迈克尔·基梅尔（Michael Kimmel）强调，性别平等，尤其是家中的情绪劳动平等，可以帮男性过他们想要的那种生活。基梅尔在TED 演讲《为什么性别平等对大家都好，包括男性》中表示："两性关系越平等，双方越幸福。男人分担家务和育儿责任时，孩子更快乐、更健康，妻子也更快乐、更健康，连男人也更快乐、更健康。"[①] 他指出，"分担"（sharing）是关键词。基梅尔说："我们常用两个词来形容我们（男性）做的事情：参与，帮忙。"这些词并未反映出同等的责任，也没有反映出真正的平衡，那是不够的。我们需要分担这个负担。表面上，目前的失衡似乎让父亲占了便宜，但实际上，情绪劳动的分配不均对双方都造成了伤害。唯有彻底改变我们对母职及父职的预期，男性和女性才有可能过最好、最充实的生活。

---

① Michael Kimmel, "Why Gender Equality Is Good for Everyone-Men Included," TEDWomen 2015, May 2015, https://www.ted.com/talks/michael_kimmel_why_gender_equality_is_good_for_everyone_menincluded.

第三章

谁在乎？

　　"我来吧。"罗伯接手洗衣任务后不久，我就看到他连叠女儿的床罩都花了老半天，还是弄不好。他听我说"我来吧"已经无数次，连我没有明说出来时，也常用"你做错了"的眼神暗示他让我来。我家的情绪劳动分工之所以有那么深的分歧，我无法假装我不是帮凶。我希望事情以某种方式完成，只要完成的方式稍微偏离我的想法，我就很容易干脆自己揽过来做。如果碗盘放进洗碗机的方式不对，我不是示范给对方看，而是把这件事情抓回来自己做。如果叠衣服的方式不对，我会干脆自己来。偶尔我会跟朋友抱怨，说我们的伴侣似乎刻意以错误的方式做事，这样就不必承担更多的家务了。

　　虽然我觉得罗伯不是那种人，但是对一些女性来说，现实状况的确如此。2011 年，英国有一项调查发现，30% 的男性会故意把家务搞砸，以免将来又被要求做同样的家务[1]。他们认为，伴侣在失望之余，会觉得自己做比收拾伴侣马虎完成的残局来得简单。他们料想得没错，多达 25% 的受访男性表示，他们不再被要求帮忙做家务，64% 表示他们只偶尔被要求帮忙（亦即逼不得已的时候）。

即使男人不是刻意马虎以摆脱家务，他们的草率"帮忙"还是令人失望。英国森斯伯利连锁超市（Sainsbury's）做过类似的调查，调查结果显示，女性平均每周要花整整三个小时，重做她们交派给伴侣的家务。[2]而男性做不好的事项几乎涵盖了所有家务，包括洗碗、铺床、洗衣、吸尘、整理沙发垫、擦洗料理台，等等。2/3 的受访女性认为伴侣已经尽力了，这也难怪有半数以上的女性不会费心去"唠叨"伴侣，要求他们改进，她们只会跟在伴侣后面收拾残局。

社会学家把女性执着于严格的标准，称为"固守母职"(maternal gatekeeping)，我们一般称之为"完美主义"[3]。我们积极阻止男人成为充分投入家务的伴侣，因为我们真的相信自己比其他人做得更好、更快、更有效率。由于家人（尤其是孩子）以及家庭生活的方方面面都是我们来把控，我们因此相信我们的做法是唯一的方

---

① "Men Deliberately Do Housework Badly to Avoid Doing It in the Future," *The Telegraph*, November 7, 2014, http://www.telegraph.co.uk/men/the-filter/11215506/Men-deliberately-do-housework-badly-to-avoid-doing-it-in-future.html.

② Deborah Arthurs, "Women Spend Three Hours Every Week Redoing Chores Their Men Have Done Badly," *Daily Mail,* March 19, 2012, http://www.dailymail.co.uk/femail/article-2117254/Women-spend-hours-week-redoing-chores-men-badly.html?ITO=1490.

③ Sarah M. Allen and Alan J. Hawkins, "Maternal Gatekeeping: Mothers' Beliefs and Behaviors That Inhibit Greater Father Involvement in Family Work," *Journal of Marriage and Family* 61, no. 1 (1999).

法。我们不太愿意调整个人的预期，尤其是因为我们在维护家庭系统方面已经投入了太多的心力。我们仔细思考过怎样做最能让每个人感到舒适和快乐，所以每个人自然都应该遵循这套最深思熟虑的方案，亦即我们的方案。

而且文化也一直告诉我们，我们应该以更高的标准来要求自己；不努力追求完美的女人，就是不称职的女人。这些文化规训又加深了上述观念。我们未能以最好的方式完成情绪劳动时，往往会觉得自己让家人失望了，愧对所有的女性，心里充满内疚。但这种完美主义可能令人筋疲力尽，甚至阻止那些愿意帮忙的男性尝试家务。我们担心自己出远门时，男人搞不定家里，还会特地留下一本家务指南，巨细靡遗地列出他们该如何照顾孩子。杜芙在书中写道，她曾为丈夫列了一份名叫"与科菲（Kofi）同游的十个秘诀"清单，其中包括提醒他喂饱孩子。我曾为罗伯留下冷冻餐点及详细的加热方式，以便我出差时他可以不挨饿，而且不用去超市随便乱逛，花两百美元买只够吃两天的食物。但我从未想过和他一起烹饪，让他以后可以自己烹煮。不仅社会促成了我的精神负担，我的"固守母职"特质也加重了那个精神重担。我不容许错误发生，所以也没有进步的余地；但是话又说回来，放任错误发生，我自己又会失望。

牙医曾经提醒过，拔除智齿可能会让我几天无法工作，但我并没有像往常那样提前做好准备，而是觉得罗伯会接手处理我无法做的事情。自从三个月前我在《时尚芭莎》发表那篇文章以来，他慢慢地接手了一些情绪劳动，他似乎已经准备好承接他被裁员以前由我负责的全天家务了。手术结束当天，我很快就感觉好多了。我吃了止痛药以后已经可以到处走动，肿胀也很轻微，整晚我都在和罗伯讨论翌日的计划。我陪儿子做了功课，但还有一页需要在明天早上完成，我们让他带 Game Boy 游戏机去参加班上的"电玩日"。女儿需要在早上八点半抵达托儿所，但她的需求很简单，只要帮她穿好衣服，梳好头发，装满水壶就好了。万一早上乱成一团的话，儿子还有温热的午餐可以吃。我鼓励罗伯为他带午餐，但也提醒他要记得帮儿子打包一份零食。自从罗伯丢掉工作以来，他已经帮忙处理早上的例行公事好几周了，我以为这次他一个人就能搞定一切，虽然我们都觉得他可能不需要孤军奋战，毕竟我的状况很好。

我本来确实很好，但晚上十一点四十五分，我哭着醒来，疯狂地寻找止痛药。我的左脸肿得跟棒球一样大，并在极度痛苦中醒了好几个小时。等天终于亮了，情况更糟，我整个人几乎动弹不得。早上八点半，罗伯叫醒我，说他要带女儿和最小的那个一起去学校，六岁的儿子则必须在半小时内步行上学。我在手机上设定闹钟，以免昏睡过去。儿子进房来跟我聊天，我问他一切都准备好了吗，包括午餐、衣服、作业。他说对，于是我放心地躺了下来。我几乎无法下床送他去上学，想到罗伯没有像我以前那样一次带三个孩子一起出过门，我就恼火。我穿上鞋子和外套时，脸持续抽搐，接着我也要求儿子穿上鞋子和外套。出门时，我才意识到儿子撒了谎：他的作业还没做完，也没有检查；午餐没带，零食和水壶也没装；要带去学校的游戏机也不见踪影。

现在我不仅为他还没准备好而感到内疚，他还得承担没人帮他的后果。下课时间，他必须留在教室里写作业，他也无法跟同学一起享受玩三十分钟电玩的乐趣。我随手抓了一颗橘子放进他的背包当零食，但其他东西已经来不及弥补了。尽管那天是罗伯负责早上的例行公事，到最后却是我为措手不及的早晨而内疚。我觉得我应该事先为罗伯做更好的准备，应该把整套系统设计得更好。如果让罗伯接手家务意味着孩子的需求无法顾及，让他接手就失去了意义。我需要设计更好的选项，而那个更好的选项似乎是照着我的方式做。

当天稍晚我向罗伯提起早上发生的状况时，他也很内疚，但和我不一样，他坦承确实有问题，也道了歉，但之后就翻篇了，没放在心上。他不像我那样为自己没尽力而自责不已。对我来说，育儿上的失职是一种道德失败，但他不会那样想。父亲在育儿上搞砸时，大家会安慰他们"至少你尝试了"，但若是换成母亲，她只会受到白眼及批判。那天早上发生的一切依然是"我的错"，因为我没有达到我该为自己设定的母职标准：完美。

即使我失去了做事的能力，大家依然期待我掌控全局，因为那不正是母亲该做的事吗？没有人要求罗伯把早上的例行公事固定化，他是父亲，不受批判。尽管他现在是全职奶爸（至少暂时如此），那依然不是他的主要任务或责任，而是我的，一如既往。我试着把丈夫当成平等的伴侣，试图放开掌控，或调整我的预期，或妥协我的标准，但我们一再失败，始终达不到那个难以捉摸的平衡。更令人沮丧的是，我是唯一为此感到难过的人，这件事只有我在乎。

我那篇有关情绪劳动的文章在《时尚芭莎》刊出当天，我跟朋友一起出去小酌一番。我们一见面就聊得起劲，她没有要求我解释任何概念或澄清任何观点。这个问题她早就很熟悉了，只是之前没有一个确切的名称。后续几周，跟我聊起同样话题的女人也是如此。花了一天的时间战战兢兢地跟罗伯厘清"情绪劳动"的问题后，现在可以跟了解情绪劳动的人，一个跟我一样关心这个问题的人放松地闲聊，那感觉真好。

朋友告诉我，她把一沓需要拿到楼上的床上用品和其他东西放在楼梯最下层。那些床上用品就像我前面提到的那个蓝色储物箱，她很难自己把它们收进橱柜，但是对丈夫来说很容易。而且，那些床上用品堆在楼梯的最下层也难以被忽视，你需要直接跨到第二阶或是把它们推到最旁边，才有可能走上楼梯。但她的丈夫就是那样，对眼前明显的任务视而不见。他对床上用品的无视不是刻意摆烂，而是纯粹觉得事不关己，认为那根本不是问题。他心想，如果那是问题的话，老婆会直接开口叫他拿上去，不是吗？注意到那堆东西又不是他的责任，注意到家里该做什么事情是老婆的责任。于是，我的朋友决定闷不吭声地自己把东西拿上楼，然后当着他的面把东西收好（显然我们是同一类型的）。她的丈夫为了这个他无法完全理解的问题跟她道了歉，她则出来跟我喝酒，好讲给一个了解问题所在的人听。

我跟一些朋友聊"情绪劳动"的次数已经多到数不清，而且早在我写那篇文章之前，那就是我们经常聊的话题。女人之间常聊起我们做的情绪劳动，因为我们都很熟悉这个东西，都以类似的方式关心这件事，都知道情绪劳动有多辛苦。情绪劳动在我们的人际关系中似乎已经根深蒂固，即使我们已经达到临界点，还是无法摆脱那些劳动的束缚。一位女性在受不了情绪劳动后告诉她的伴侣，他们若要继续在一起，唯一的方式是请他去看心理医生。结果，他还叫她帮忙找心理医生及预约。她说："我们简直是鸡同鸭讲，他永远无法理解我的意思。"

这也难怪女人会找女人诉说，而不是对伴侣说个明白。我们谈到我们做的一切事情，如情绪劳动、亲属任务、家务劳动、各种杂事等，因为我们知道，其他女性不仅心领神会，也感同身受，而男性和整个文化则是仿如鸭子听雷。我们日复一日做着太多幕后工作，我们深知吃力不讨好，也没有人看见。女性互相分享故事，只跟女性朋友说，不跟伴侣说，因为只有同道中人才能够理解。女性之间的交流让我们觉得自己的付出终于有人看见，不再隐于无形。虽然那种交流无法改变我们和伴侣之间的关系，但至少回到家时，我们不再感到孤单。

然而，尽管背后的辛酸获得女性共情时令人欣慰，当我们的情绪劳动在家里没人注意也没人感激时，那种失落感依然得不到疏解。精神负荷仍有待我们承担，劳务仍必须由我们来分派，而且我们在言行上还必须小心翼翼，以免显露出失望，所以何不干脆跟伴侣讲清楚，而不是在背后说呢？其实，说比做容易。多数女性都曾在感情或婚姻关系的某个节点谈过情绪劳动，但聊到最后总是变成争执。我们说的话仿佛是对牛弹琴，或是令对方感到刺耳。谈论情绪劳动本身就是一种情绪劳动。

我试图向丈夫解释情绪劳动时，他觉得我好像在说："你根本不在乎。"他认为我没有肯定他的付出，但他的反应忽略了我为生活广泛投入的情绪劳动。女人通常不会直指问题核心，这也是为什么我谈起情绪劳动时总像鬼打墙,一再地反复循环。我试着跟罗伯聊,但我们的看法不一。说到最后,关于情绪劳动的谈话对我来说已经变得太沉重,我干脆去找能够理解的女人倾诉。女人可以一起发泄,彼此交流,互相支持,直到下次又达到极限时,我们再聚一次。多数时候,那种无人理解的挣扎发生在内心,表面上我看起来没什么异样,也许有点压力,但一切还好,这也是为什么女性负荷不了而终于爆炸时,会看上去那么突然。

《交往规则》(*Rules of Engagement: Making Connections Last*)的作者弗洛斯娃·布克–德鲁博士(Dr. Froswa Booker-Drew)第一次受访时告诉我:"男人不知道我们女人之间的对话,所以他们觉得我们似乎没事。"① 我们谈到女性的智慧,以及女性彼此分享故事时如何减轻情绪劳动的负担。但如今我开始感到好奇,只跟女性谈是否也对我们有害。有一个空间可以倾诉故事,让人看见我们的无形劳动确实很重要,但是如果男人看不见、听不到、无法相互讲述这些故事,那什么也不会改变。

我们谈论她的个人生活时,她告诉我他们夫妻之间的看法是如何产生分歧的:她丈夫认为她可以自然而然地轻松完成所有的事情;但她经常觉得自己需要协助。他认为她总是可以想出各种办法,让事情顺利运作。在他看来,如果她需要协助,她会直说,他们会花钱找人来做,事情就解决了。然而,他眼中那种"搞定一切"的天赋,其实不像表面上看起来那么简单。他不明白她觉得自己有必要"兼顾一切"的文化压力,他也不明白,改变这种体系非常耗费心神,更遑论我们自己产生的内疚感了。

---

① 2017 年 11 月 28 日接受笔者采访。

"他的视角跟我不一样。"她说，"他出发点不坏，但就是不懂我是怎么想的。"

布克–德鲁博士谈到的，是她身为女性的亲身体验。她觉得自己已经很幸运了，因为她的丈夫还有一些姊妹教他如何承担分内的工作，但他们夫妻面对家务的方式确实不同。他会做饭、打扫、帮忙，但是身为男性，会做这些事情使他变得与众不同。布克–德鲁博士无法经常做饭及打扫，这常让她觉得自己好像做得不够。我觉得这听起来很荒谬，因为她为了接受我的采访，特地腾出时间，在拉斯维加斯的旅馆房间展开这场对话。她原本要去参加一整天的社群研讨会，而且还感冒兼过敏。当她专注于重要的社群活动时，脑中应该不会想到那些家务，但是对家务的烦忧总是隐藏在表面之下。布克–德鲁博士的角色，和她身为妻子、母亲、女儿、黑人女性、南方女性、虔诚基督徒等密不可分。她说，她面对这个世界时，是上述身份一起出现，而且她承受着额外的文化压力，必须表现得完美无瑕。她回忆道，小时候大人告诉她，她必须比其他人优秀一百倍才行，因为她是黑人女性，她必须达到更高的标准。"你不只代表女性，还代表你的种族。"她说，"那太沉重了。"女性受制于文化的预期，必须兼顾好几个不同的角色，有色人种的女性更是如此。毕竟，那些角色是帮我们周遭的人过得舒服快乐的关键。

我们面临的一大问题是，我们无法只专注于其中一个身份。无论我们身在何处或做什么事情，我们似乎都得兼顾每个角色。即便是现在，我坐在这里写作，我也在估算开车去餐厅和婆婆家一起庆祝生日的时间；想着哪些家务需要完成；为了我的写作工作不断地刷新电子邮箱，查看信件；试着说服自己只要再列出一份超长的待办清单，内心烦躁的声音就会安静下来，即使我明明知道列清单是一项没完没了的工程，因为待办任务永远也列不完。

男性似乎没有这个问题，那可能是因为他们确实没有这种烦恼。男性可能比较擅长划分领域，因为他们的大脑先天构造不同。2013 年，美国国家科学院发表一项研究，科学家发现男性和女性的大脑连接模式有显著差异。平均而言，男性两个大脑半球内的连接能力比较强，女性则是两个大脑半球之间的连接能力比较强。[1] 女性大脑的广泛连接力可能是好事，也可能是坏事，视情况而定。当我们凭记忆安排五口之家的行程表时，我们比较有优势。当我们需要抽离家务、专注于手边的工作时，心理和情绪负担的连接性可能会拖累我们。当我们试图向伴侣沟通心理负担和情绪劳动的重担时，那也可能构成很大的阻碍。社会对我们的制约以及我们的思考方式，导致男女有截然不同的生活体验，因此看法很难一致。所以我们才会向女性朋友倾诉心声，这也是为什么我不认识的女人了解我的想法，但跟我交往十三年的伴侣却无法明白。这也是为什么我向那些觉得自己已经达到平衡的女性请教时，我最常听到的回应是：你一定要放手。干净的房子、完美的母亲、换洗衣物、脑中清单、一切烦忧等都必须放手，别再执着。

《放手》的作者杜芙以整本书来描述她如何从一个控制狂（她说自己正从"家庭控制症"中康复）变成真正平等的伴侣。她在

[1] Madhura Ingalhalikar, Alex Smith, Drew Parker, Theodore D. Satterthwaite, Mark A. Elliott, Kosha Ruparel, Hakon Hakonarson, Raquel E.Gur, Ruben C. Gur, and Ragini Verma, "Sex Differences in the Structural Connectome of the Human Brain," *Proceedings of the National Academy of Sciences* 111, no. 2 (January 14, 2014): 823-28, https://doi.org/10.1073/pnas.1316909110.

那本书的前言中写道，她意识到自己主动承接的负担与丈夫承接的并不对等时，开始心生怨恨。我还没读完前言，就马上理解了她的处境。

她自问："我是他兼顾一切的解决方案，那我呢？我的方案又是什么？"[1]

于是她开始改变，把一些责任和精神负担交给她的伴侣。她的故事吸引了我，但是当我得知"放手"对她意味着什么时，我又感到有些害怕。把控制权交给丈夫，似乎也意味着对一项做得极糟的任务睁一只眼闭一只眼。她提到她把邮件任务交给丈夫处理，结果邮件在桌上堆了三个月都没有人打开来看，于是停车费搁着没缴，生日邀请函没人回复，更别说那些邮件堆积如山有多碍眼了。杜芙获得一个工作机会后，她的丈夫主动提议接手做饭的工作，结果他整整一个月都煮同一道炖菜给全家吃。这不是她做饭的方式，但至少很有效率，也有效果。她说，她觉得自己可以放弃先前设定的高标准，因为她很清楚事情的轻重缓急。杜芙说："打破标准很重要。女性的标准要么是最好的方法，要么是最有效的方法，这个观点我并不认同。"[2] 我不得不承认，我实在很难接受她的建议。她告诉我，他们后来在炖菜上达成一些妥协（如今他已经增添了一些花样，每周会更换菜品），但他们并没有为了精进他的做法来来回回讨价还价多次，他们从来没有这样做过，因为她把那些斤斤计较细节的时间拿来做的事情，远比确定一切都照"她的"方式完成更加重要。

---

① Dufu, *Drop the Ball*, 4.
② 2017 年 12 月 18 日接受笔者采访。

显然，彻底放手对她来说很有效。她改变了事情的轻重缓急，放下不太重要的事情，以及随之产生的内疚感。她甚至告诉我，女儿最近错过了一场生日派对，因为她没有更新行程表（那项任务现在由丈夫负责）。由于多数家长不会把邀请函寄给父亲，这种错过生日派对的情况并不罕见，结果她的女儿为此哭得稀里哗啦，因为所有同学都去参加派对了，只有她缺席。对二年级的小学生来说，那是一大打击。杜芙知道她其实有能力避免这类事情发生及其他失约的状况，但她没有因此改变做法。她没有把之前放手的事情又捡回来，也没有为这件事情感到内疚。反之，她带女儿出去吃洒了粉红糖霜的甜甜圈，因为她知道下次仍有参加派对的机会。她知道错过一次派对，或是她为了实现最大的目标而决定放手的事情，都不会影响她身为母亲的价值。"我不做很多事情，我觉得不做那些事情也没关系。"我很羡慕她的自由，虽然我可能并不那么羡慕她获得自由的方法。

我向罗伯转述杜芙家的故事时，我说："如果换作我，我会内疚死。"

罗伯纠正我的说法："你应该会杀了我。"

但杜芙确实抓到了诀窍。我阅读她的著作、聆听她的说法时，可以感觉到她掌握了解决之道。令我讶异的是，事情没有照她的方式完成时，她听起来一点也不生气，反而能感觉到很高兴，很满足。放弃一些精神负担，让她因此获得比追求完美生活更宝贵的东西。她现在有更多的余力了，做起事来更加专注，她也可以用更好的方式陪伴家人。她认真检讨了自己的生活，重新评估了自己真正在乎什么。她把剩下的情绪劳动都交给丈夫承担，不仅放弃了掌控权，也不再坚持她交给丈夫的任务必须做得完美。她不是每晚都能吃到美味均衡的晚餐，但究竟哪种人生比较有价值，即使读者不是行家也能轻易看出来。

后来我采访《放胆休息》（*Daring to Rest*）的作者凯伦·布罗迪（**Karen Brody**），她也提到类似的故事。完全收手不管家务两年，她放弃了所有的情绪劳动。她不寄圣诞卡，连儿子长得太快、衣服太小时，她也不帮儿子买衣服。她只管自己的时间表，不操心别人的。她的儿子冬天去祖母家度假时，可能只带了短裤。他们每天晚上九点才吃晚餐，因为她丈夫九点才煮好。她专心写书，卸下身为家中"领航者"的主要压力。在她看来，这样做完全值得。① 她告诉我这些事情时，我可以从她的语气中感受到她的热情。然而我还是无法想象放弃情绪劳动之后，如何平静地看待一切分崩离析。杜芙和布罗迪把注意力和心力大胆地转移到她们向往的目标上，她们的故事确实鼓舞人心，但也令我不安。我不想拖欠账单不缴，不想看到烘衣机里堆满衣服。对我来说，身处那种状态下又是何必。如果伴侣随便完成他负责的工作，哪有什么平衡可言？我们大可说每个人的"方法不同"，但是难道没有一种方法是既可以用来维持合理的标准，同时也可以分工吗？

放手确实可行，但我忍不住想到，这些女性不是依然负担着妥协的责任吗？她们不是还得忍受事情未完成的不适感吗？为什么我们就不能指望伴侣更关注某些事情，好让我们把一些注意力转移到我们最关心的事情上？为什么我们就不能要求伴侣灵活应变，以满足我们的需求，让我们放心，使我们感到舒适快乐呢？

---

① 2017 年 12 月 1 日接受笔者采访。

即使听了杜芙和布罗迪的睿智建议，我依然只有三种选择，而且没有一种是理想的：自己做；当个唠叨的老妈子；放手。最后一种选择理当是帮我从炼狱里解脱出来的门票，但感觉那不过是从一种炼狱转往同类型的怨恨炼狱罢了。在很多情况下，放手看起来完全不切实际。我有两岁、四岁、六岁的孩子需要照顾。某些事情，你确实可以抱持"人各为己"的心态，但是在某个节点，你手上抛接的一些球是由不得你任意放下的。

"有人说过你是控制狂吗？"这是《时尚芭莎》那篇文章发表后，我上加拿大广播公司（CBC）的节目《时事》（*The Current*）受访时，主持人皮雅·恰托帕迪耶（Piya Chattopadhyay）上来就问我的问题。

"一定有。"我皮笑肉不笑地回应，不安地在座位上挪动身子。那个问题简直是我的死穴，马上就暴露了我的真实身份：我不是对"情绪劳动失衡"的根源感兴趣的记者，而是一个难伺候的女人，不公平地要求一切都要按照我的方式来做。

她接着说了一句我已经听腻的老生常谈：女人就是要求太高了。已经足够好的事情，我们觉得还不够好，凡事都要紧紧攥在手心。这种形容有很多种说法，但归结成一句就是：我们是自作自受，只能怪自己。我们变成吹毛求疵的老妈子，因为我们的标准太高，要求男人符合我们不合理的预期是不公平的。我们只要放宽标准，情绪劳动就不会对我们造成那么大的压力了。难道我所有的情绪劳动都是因为我对另一半要求太多吗？难道我成了自己最大的敌人，创造出一个只有我自己能达到的标准吗？

舒尔特在著作《过劳人生》中提到她与社会学家约翰·罗宾逊（John Robinson）共进午餐时，对方傲慢地说，如果女性觉得自己受到家务的束缚，像是觉得必须以某种方式做饭、打扫、打理家务，她们只能怪自己。他责备那些厨房地板干净到足以当心脏手术室的女人后，嚣张地对她说："女人是自己最大的敌人。"舒尔特在书中坦言："他没见过我家黏答答的厨房地板。他似乎也不明白，当其他一切感觉快要崩塌的时候，至少维持家里的整洁多多少少可以帮你喘口气。"[1]

那些认为情绪劳动是因为你想要或需要掌控一切的人，完全抓错了重点。他们的说法充满了性别歧视，我们试图批评那种源自父权结构的痛苦，但他们永远觉得那是女性在咎由自取。那种相互指责、推卸责任的把戏，分散了我们寻找问题根源的注意力。问题的根源不是我们想要控制一切，问题出在我们如何看待情绪劳动上。女性之所以受够了，不是因为我们"要求太多"，而是因为大家叫我们不该要求任何事情，说我们应该"放手"，仿佛放手真的很容易，仿佛我们的任务可以轻易抛诸脑后。那个"控制狂"的说法之所以如此棘手，唯一的原因在于完美主义确实往往会内化成一种性格。控制欲和追求完美的压力之间，往往很容易模糊界限，因为两者是相辅相成的。我们确实感受到一股文化压力，逼我们必须达到一个令人难以置信的高标准，于是维持掌控成了我们持续追求那种完美境界的唯一途径。但是当你剔除掉完美主义时，情绪劳动的失衡依然存在。那个"控制狂"的说法忽略了一个真正的问题：这个社会根本不重视女性的劳务，大家觉得情

---

① Schulte, *Overwhelmed*, 37.

绪劳动并不重要。

　　然而事实是，女性之所以维持一定程度的家中清洁，并不是因为一尘不染的地板是让女性获得救赎的方式（尽管文化压力依然存在，我们稍后会再回头讨论）。我们精心打造了一套适合我们的家庭系统，一套让每个人都健康快乐的系统，并确保它顺利运作。对有些女性来说，她们管理家庭的方式令她们自豪，对另一些女性来说，那套系统是为了生存而打造的极简工具，但无论如何，那都是一种关爱的表现，不仅是为了我们自己，也是为了我们身边的所有人。

　　那些认为我们应该干脆降低标准的人，不仅是在说我们不该那么在意，还在告诉我们他们觉得情绪劳动的重新平衡会对目前未承担这份工作的伴侣产生负面影响，换句话说，会导致他做更多的工作。为什么伴侣必须达到我们的标准？为什么他们应该在乎那些事情？乍一听这种质疑似乎有道理，但是当你把情绪因素也考虑进来，就不是那么回事了。你应该在乎，是因为你爱的人在乎。身为伴侣，提出让每个人都满意的标准是你的义务，也是你乐意做的。当然，这其中还是有妥协的余地，但即使一个人觉得浴室发霉也无所谓，那不表示他就没有打扫浴室的责任。

　　我开始思考，要求罗伯达到我的清洁与整理标准，以及我不愿放弃我的标准，算不算一种控制狂。我越是深入思考，越觉得这个问题没那么简单。问题不在于我希望多久吸一次地板，而在于我投入生活的劳动是否有价值。情绪劳动跟掌控欲无关，它是一种关怀。其实那个问题真正要问的是，我是否愿意彻底改造我们夫妻认识以来我持续打造的那套系统，那套我精心设计，好让每个人都感到快乐舒适的系统，然后放弃那个念头，因为重新平衡家里的情绪劳动对罗伯实在要求太多了；我是否愿意再次为了夫妻和睦而放手或放弃什么？究竟什么比较重要：是他的舒适，还是我的舒适？问题到最后又变成了我的责任。

偶尔我会在洗衣服方面放手：我洗了一堆衣服，但其他任务使我忙得不可开交，于是我让那些衣服在烘衣机里堆了好几天。罗伯开心地从烘衣机里拿出他需要的几件，剩下的继续留在里面。但是当他没有干净的运动服可穿，或我儿子最爱的那条裤子没洗时，那就成了争论焦点。这是我的家庭系统通常不允许换洗衣服搁置不洗的原因，至少不能一天以上不洗。换洗的衣服洗好、折好、收好，对我和家人来说都比较轻松，因为那让大家可以放心地开始每一天，出门不必为了穿什么而担心。以旁观者的角度来看，我每天洗一次衣服，或隔天洗一次深色和浅色的衣服似乎太频繁了，没有那个必要，感觉我那样做只是因为我想当一家之主而已。坚持那样做有那么重要吗？我为何不放松一下？因为我知道，如果我不那样做，不仅会造成我的不便，也会造成家人的不便。那样做之所以重要，是因为那可以帮我以最少的摩擦来照顾家庭。我做的事情很少是为了掌控什么或追求整洁，很多是为了避免关系失和及家庭气氛紧绷。

认为"女性应该降低标准以避免冲突"的观点，掩盖了一个事实：我们做这些关怀型的劳务是有目的的。当然，我们确实可以做出妥协，但追根究底，我们其实已经认真思考过为什么要如此安排生活了。叫我们降低标准不是在帮我们的忙，而是在误解我们承担情绪劳动的初衷。

我们不想成为唠叨的老妈子，我们只是希望每件事情都能完成，那很难一人独自包办。正因为有些人觉得女人唠叨，那也是女性花很多心力思考要不要把任务交派出去（亦即所谓"求助"）的原因。多数女性其实一开始并不想开口求助，这是有些女性不想为交派任务伤神，干脆自己包揽一切家务的原因。我自己不止一次在这两种讨厌的选项之间摇摆不定。自己包揽一切就不必烦恼交派任务的事，但增加了自己的工作负担；把任务交派出去，还要付出情绪劳动去要求每个人做好分内工作。有些女人成功地选择了另类道路，例如完全摆脱情绪劳动，但是对我来说，那看起来从来不是一个持久之道。我不想放弃关心，我只是希望其他人也能关心。

第四章

你可以想要更多

"我爱我丈夫，对我来说，他很完美，我们是一见钟情。但我再也不愿进入这种任人差遣的奴役状态了。"[1] 卢菲·索普（Rufi Thorpe）在《母亲、作家、怪物、女仆》一文中如此写道。第一次读到这篇文章时我笑了，因为我常跟朋友开玩笑说，我宁愿自焚，也不愿跟罗伯以外的男人在一起。我说，我不是不爱我丈夫，我想结婚，我想继续走这条我选择的道路，但万一这个婚姻有什么三长两短，我知道，我永远不会想再婚了。

我不禁纳闷，为什么我会那样想呢，我的婚姻又不是走得特别辛苦？事实上，我觉得自己很幸运，能有一个努力想成为女权盟友的丈夫。他总是把我当成平等的伴侣，他很善良、风趣、聪明，

---

[1] Rufi Thorpe, "Mother, Writer, Monster, Maid," *Vela*, http://velamag.com/mother-writer-monster-maid/.

每天晚上洗碗，从不间断。我觉得我的失望相较于现实状况有点小题大做。既然我已经过得那么顺遂了，为什么我还会对深爱之人如此失望？

罗伯一再告诉我，每次他只是做错一点小事，我却反应剧烈，轻则露出失望的眼神，重则摆出嫌恶的表情。这点我自己完全没察觉到，又或者我察觉到了，但我的反应在我的眼中和他的眼中有不同的意义。他把孩子的烤奶酪烤焦，把东西遗忘在超市，或把毛衣洗到缩水时，我可能会翻白眼生气。那确实是过度反应，但我忍不住觉得那是我独自承担所有情绪劳动的方式。我只是借这些离谱的时刻，把一天下来累积的失望感一并发泄出来罢了，因为他看不见的东西太多了。他没看到我从屋里每个角落捡起他的鞋子并归位；他没看到我回复数十封有关班级圣诞派对的邮件，也没看到我操心到底要送老师什么礼物，他根本不明白送礼物的必要性；他没看到我生气地刷洗他搁在水槽里、表面已经干硬的意大利面锅。他没看到我如何持续维持着他享受的生活，所以当他不经意地造成我生活上的麻烦时，我就崩溃了。这对他来说并不公平，我也不想这样做，但生活中隐藏的种种常让我动不动就想爆炸。

我对小错的剧烈反应使我不禁怀疑，也许我根本不适合当人妻、为人母。当我身边有那么好的家人时，我觉得好像只有自恋狂会环顾这种生活，还反问："那我呢？"罗伯为我做了很多事情，他帮忙做家务，认真工作，积极地投入亲子教养，不断努力成为我所要求的伴侣。他为我做了这一切，但我还是想要更多。当他已经遥遥领先于多数男人的时候，我还想要求更多，这感觉不太合理。为什么我明明已经遇到好男人了还不满足？

我祖母为全家煮了晚餐，也洗了碗盘，我帮她把碗盘擦干，然后收起来。那是家中女性在每顿饭后承担的劳务，男人通常只会坐在前廊聊天。我有孩子之前，情况一直是这样。现在罗伯饭后不再跟家里的男人坐在一起，他在我祖父母家的前院跟三个孩子追来跑去。祖母替我感谢上天，是祂让我找到像罗伯那样的男人、丈夫、父亲。她让我想起我有多幸福时，我总觉得自己很自私，不知感恩。即使以今天的标准来看，罗伯也是了不起的伴侣，况且他做了很多事情，我祖母只看到冰山一角而已。

我们从厨房的窗户看到他们时，祖母讶异地说："他在跟孩子玩耍！"我心想："不然呢？"我难以想象其他的现实状况（例如祖母抚养我父亲和叔伯时的状况）。我深爱我的祖父，但我绝对不会想嫁给他那样的人。我从未看过他洗碗或为家人做饭，我很怀疑他是否曾帮孩子换过尿布。

后来的情况改变了，而且比以前好很多，即使是我的童年也明显异于上一代。我父亲和20世纪80年代那群先进、积极参与家务的父亲是一类人。他开车带我去参加跆拳道锦标赛，陪我在家附近滑直排轮。有一次我生日，他带我和两位好友去大峡谷旅行，包容我们这些少女的滑稽行径及孩子气的谈话。周末他会打扫家里，偶尔也会做饭。他支持我母亲的事业，也支持她晚上跟朋友出去，支持她的生活，一如我丈夫支持我。

育儿重担从来不是由我一肩扛起，即使是我生下第一胎，在家里当全职妈妈的那年，罗伯始终分担着做饭、打扫、换尿布等任务。

所以我真的有必要要求更多吗，这样要求值得吗？如果我觉得他在承担情绪劳动上不尽如人意，我只需要回顾过去就会心存感激。每次我想到五六十年前养儿育女是什么状况时，就觉得我现在当妈真是轻松惬意。社会上许多事情都是如此，我们确实应该为多年来的进步心存感恩，但我们常把"应该心存感恩"和"应该闭嘴、停止抱怨、停止要求更多"混为一谈。没错，我们的生活确实变好了，但这不表示以后再也没有进步的空间。我们可以心存感恩，并持续努力追求更公平的关系，两者并不冲突。

我们需要知道，即使社会告诉我们不要要求那么多，你还是可以要求伴侣投入更多，因为进步就是这样产生的。如果我不愿为了自己的生活追求那样的平衡，我还奢望孩子能获得更平衡的未来吗？如果我持续回避有关失衡的棘手对话，我还奢望什么平等？如果我因为"要求太多"而感到羞怯，我还如何坚持立场，主张情绪劳动是有价值的？要求罗伯更了解情绪劳动不是一种惩罚，而是一种邀请，因为我希望他更了解什么事情对我很重要，什么事情可以让我们的夫妻关系更加融洽，以及我们如何一起向前迈进，做得更好。没错，这确实很辛苦，但是对我们两人来说是值得的。不下功夫的话，现状永远不会改变。

此外，我向罗伯解释情绪劳动的基本概念时，也必须小心翼翼。他并非无法理解概念的原始人，而是聪明又观念先进的伴侣，问题在于他从来没做过这些事。情绪劳动不是他从小到大接受的教育，他甚至没见过同辈中观念先进的男性承担这些。事实上，他环顾周遭时，总是发现自己已经是新好男人了，而且还是其中的佼佼者，对此我完全无法反驳。他确实是很投入亲子关系的父亲，细心的伴侣，他会完成我要求他做的任何家务。他努力追求对等的夫妻关系，支持及尊重我的工作时间，鼓励我多关爱自己，主动要求孩子刷牙就寝。他对我和家庭的奉献很多，这或许是我从来没要求过情绪劳动分工的主要原因。我们的文化认为，遇到那么好的男人，若再要求更多就太贪心了。我也受到这种文化观点的洗脑，担心自己如果要求更多，会显得不知好歹。

但是想追求平衡、追求进步，并非贪得无厌、不知感恩，虽然我不否认有时我也有那种感觉。或者更精确地说，有时那会让我感到内疚。每次我写罗伯的事情，讲了一堆，却不称赞他，即使写那些是为了让我们向前迈进，让我们都过得更快乐，我还是会有罪恶感。为什么我对他的贡献不是充满感激，满怀爱意，而是奢望更多呢？我总是很快补充说，罗伯已经算是新好丈夫中的典范了，我确保他的努力未遭到忽视，经常提起他做了什么，并以夸张的方式赞扬他，然而我依然担心我对他的肯定不够多，至少在冰淇淋店那个夸他精心营造"奶爸日"的长者就觉得，我应该为此大大感激。

然而，当我想到我俩关系中的情绪劳动失衡时，我无法忽视绝大多数的情绪劳动依然由我承担。没错，他可能做得比多数男人还多，但这不表示他尽了一切的本分，那正是我们面临的最大问题。我拿罗伯跟我认识的多数男人相比时，他简直像个希腊神祇，英俊潇洒、幽默风趣、聪明善良、饱读诗书，能和我有效沟通，还想跟我一起狂看同样的影视作品。我没见过比他更投入亲子关系的父亲，对纸牌游戏、帮小孩涂指甲、着色涂鸦那么有耐心。我不敢说我的厨艺比他好，尤其是他会烤完美的三分熟牛排或自制炸鱼薯条。他打扫浴室时，清洁效果也算可圈可点（至少他打扫得够干净，不必请专业的清洁服务）。他关心我的需求，包容我的脾气暴躁，即使我陷入歇斯底里，依然心平气和。即使再婚的想法也不会让我开心，想要找到一个媲美罗伯的人犹如缘木求鱼，其他男人根本望尘莫及。

但我无法忽视的是，如果今天上述赞美的对象是女性，听起来就不特别了。如果我把主词从"罗伯"改成"杰玛"，那些举动突然变得稀松平常。我有魅力、聪明、善良、饱读诗书吗？我觉得是。我能跟丈夫有效沟通，跟他一起狂看同样的影视作品，家事做得一级棒吗？没错。我认识的多数女人都是如此。我经常帮小孩涂指甲，陪小孩玩棋盘、纸牌游戏、堆城堡，生病时我躺在地板上，让孩子在我身上滑风火轮小汽车（Hot Wheels）。我读了一整本素描的入门书，以便和儿子培养共同的兴趣。我自学如何烘焙四层的婚礼蛋糕，自制可颂面包，以搭配自己烹煮的红汤。我不仅打扫浴室，也规划各种家务的时间表。我为了处理情绪劳动和罗伯争吵时，或在他失业期间穿梭在他的情绪雷区时，我都保持平稳的情绪。我也为亲友提供温暖及建议，花时间上网，和那些对我的文章感兴趣、想跟我分享亲身经历的陌生网友交流……这些都没有让我显得独一无二或与众不同。而且，这些事情也没有让我觉得我已经大功告成，值得为自己的出色表现好好地犒赏自己一番。事实上，我反而更容易注意到可颂面包的底部烤得有点焦；或是当我跟儿子已经连续玩了三次纸牌游戏，需要回头继续工作时，他要我再玩一次，我不禁对他厉声相向。我其实可以更宽宏大量地响应他。我本该做得更好一些。

"我们不够苗条，不够聪明，不够漂亮，不够健美，学历或成就不够，或财富不够，永远都不够。"兰妮·提斯特（Lynne Twist）在《金钱的灵魂》（*The Soul of Money*）里如此写道，"我们早上还没起床、双脚尚未着地，就已经觉得自己不够格，输人一截，有缺陷。晚上就寝时，脑中充斥着一长串当天没做或没做完的事情。"[①]

身为女性，光是努力还不够，因为"追求完美"的观点在持续地轰炸我们。广告和媒体随时随地提醒我们，只要我们再努力一点，再稍微挑战一点极限，完美近在咫尺。我们的家可以变得更井然有序——这里有篇文章教你如何一劳永逸地达到那种境界。那招无效吗？这里还有一招。想要成为更好的家长，信息多如牛毛；想要安排更有效率的共乘，APP多如繁星；想要偷偷把蔬菜夹带在挑嘴家人的膳食中，食谱应有尽有；想要当佛系家长、开明家长或虎爸虎妈，相关书籍浩如烟海，诸如亲密育儿法、哭声免疫法之类的亲子教养理论不胜枚举。但是情况也从这里开始变得含糊不清，因为我们必须判断哪种选项最好，然后努力朝着理想前进。但是在任何时候，我们都知道"更好"的自己应该做什么，我们把自己逼到极限，以达到下一个完美境界。以我来说，下一个版本的美好自我是戒糖，吃更多青菜，安排每个月与婆家共进晚餐的时间表，每天上瑜伽课，经常当义工。那个更好的我收入更高，家务计划更有条理，不再进度落后。那是一场永无止境的追逐，我们永远可以做得更好，陷在"应该持续更上一层楼"的迷思中。

[①] Lynne Twist, *The Soul of Money: Transforming Your Relationship with Money and Life* (New York: W. W. Norton, 2003), 44.

说到"大功告成"，我的直觉反应几乎总是觉得还不够好，罗伯则觉得满意。每次涉及情绪劳动时，他的内心不会一直觉得自己需要做得更好，他并不觉得让每个人过得舒适快乐是他的任务。我小心担负的任务，在他眼里并没有同等价值，他觉得生活不过就是例行公事般过日子，但我觉得把生活打理得井然有序是一种爱的度量衡，更是自我价值的衡量方式。

　　我对自己从事的任何形式的情绪劳动都很敏感，这使我痛苦地意识到，我承担的情绪劳动与罗伯承担的不一样。当我们把所有让家顺利运作的家务都列在一张总表中，决定以新的方法来平衡家务劳动时，我对这点有了深刻的体会。那不只是一张琐事清单而已，我想看谁会想到厕所的卫生纸用光了、孩子的衣服该换季了、学校的通知书该签字了。我希望自己能看到罗伯承担一些也许我看不见的脑力劳动。我知道他负责汽车维修、庭院打理，以及其他的手工劳务，所以我从来不需要烦恼那些，但是当我们各自列出"杰玛挂念的事情"和"罗伯挂念的事情"时，这两份清单的差距比我之前预期的还大。他的清单上罗列的，与我们日常生活的运作毫无关系。他的脑力劳务包括一年做两次的杂务，一周一次的庭院打理工作，以及我偶尔要求他做的事情（所以，我又把那些事情放回到了我的清单上）。我只忘了一项属于他的日常任务，那就是清理猫砂，因为猫砂在车库里，而且坦白讲，他也不是每天清理。其他的一切都是我的，也就是跟孩子、家务清扫、预约、旅行计划、假期安排、记录行程表有关的一切任务都是我的，而且那份清单感觉没完没了。只要是落在房子的墙内，不涉及空调或暖气维修的事务，都属于我操心的范围。

对于他那份表上列举的任务，我充满了感激。我并不想了解汽车的广泛知识，也不想在天寒地冻时跑到户外操作吹叶机（虽然我还是得偶尔提醒他做这项任务）。这些任务让我们顺利地过日子，但是它们不像思考每天吃什么、家里有没有食材，去超市该顺便买什么、出门买菜该带哪个孩子随行等那样冲击我们的日常生活。

此外值得一提的是，即便罗伯对汽车及园艺特别在行，传统上属于男性的家务责任也是最常外包出去的部分。2015 年，《在职母亲》（*Working Mother*）的一项调查发现，双薪家庭在家务上的性别差异，仍停留在过去。母亲仍是主要负责带孩子看病就医并为此请假、烹饪、清扫、洗衣、购物、签家长通知书、买菜、整理的那一方，父亲则主要负责倒垃圾、修剪草坪和园艺、报税、洗车、汽车保养。清单上最常外包的五件家务是什么？除了倒垃圾以外，其他都是属于男性的任务。[1]

虽然烹饪、清洁、洗衣等任务也有很多机会可以外包，但是对许多女性来说，她们并没有那样的选项。又或许更确切一点地说，许多有能力外包的女性之所以不外包，是因为她们觉得自己有"包办一切"的责任。家庭、孩子、事业……你不该有想要放弃任何东西的念头。当我们达不到情绪劳动的预期时，我们感到羞愧及内疚，那也打击了我们的自我价值感。杜芙在著作中提到女性有"家庭控制症"，那是真实存在的状态，而且已经根深蒂固。我们认为自己如果不包办一切，就是做得不够。我之所以花了十二年时间

---

[1] "Chore Wars: A New Working Mother Report Reveals Not Much Has Changed at Home," *Working Mother*, April 17, 2015, https://www.workingmother.com/content/chore-wars-new-working-mother-%20report-reveals-not-much-has-changed-home.

才想要在我们的关系中寻求更大的平衡，部分原因在于拿捏一个让人欣然接受的妥协度似乎极其困难，但另一个原因是我打从一开始就没想过要寻求改变。我内心深处一直以为，在我们的关系中，我该肩负起所有的情绪劳动，这个观念与我的自我价值观紧密地交织在一起。我想扮演好贴心女友、贤妻良母的角色，尤其罗伯似乎不费吹灰之力就扮演了好丈夫和好爸爸的角色。他的表现之称职远比我期望自己能达到的境界还要出色，因为"好丈夫"和"好爸爸"对男人的要求并没有那么高。

所以，当我厌倦在我们的关系中承担多数的情绪劳动和脑力劳动时，我觉得自己好像贪得无厌的坏人，想从罗伯那里得到更多。我脑中的声音告诉我，我对自己拥有的一切还不满足，实在是不知好歹，我对他要求太高了。根据网络上许多男权支持者的说法，我就是那种最糟糕的女性。但是，我在已经拥有的帮助下依然要求更多，就算是可怕的愤怒女权者，甚至是厌男主义者了吗？当我看到现实中还有那么多改进的空间时，我就不这么想了。

侄子受洗的那天早上，我知道尽管我稍稍给了一些暗示，罗伯还是忘了准备贺卡或礼物。我一直在教他如何从事情绪劳动以及放手让他自己处理之间，拿捏一个恰当的平衡点。我决定做一些不易察觉的情绪劳动，帮他步入正轨。

"我们是不是应该为这件事情准备礼物？"我问道。

"我不知道。"

"去和你妈妈商量一下吧。"我恳求他，尽管我已经知道了答案。

她当然说礼物是必要的，并建议他买什么，纪念品、可爱的毯子、相框……反正就是可以纪念的东西。我举儿子收到的受洗礼物为例，建议送一本基督教书籍可能是不错的选择，结果他光是找附近的基督教书店就花了好几个小时。他主动表示要去商店买书和贺卡，让我待在家里帮孩子做好出门的准备。这是不错的分工，相较于等着礼物和贺卡神奇地出现，他已经进步很多了。

然而他回家后，我很快翻了那本书，发现他买了一本教孩子如何当哥哥的书，而不是适合洗礼的宗教书。我很失望，问他为什么买书前没有先翻阅，这是送礼物基本的常识。当下的气氛变得很尴尬，因为他感觉到了我的失望。我那句话的言下之意是：你怎么不先检查一下这个礼物是不是合适？为什么你不用心？

他马上为自己辩解，说我有多吹毛求疵，我的高标准很难达到，于是我们开始陷入一种危险境地，彼此都听不到对方在说什么。我甚至想要放弃，自己来买礼物，但我没有。我叫他回书店换书后，提醒自己这是他第一次买这种礼物。虽然他偶尔也会给兄长和父亲买，但他从来不觉得送礼物需要花太多的心思。送给侄子、侄女，甚至是他母亲的礼物，通常由我负责打理。他不是不关心侄子的礼物，而是不知道该如何关心。他应该学习这些。

处理情绪劳动失衡所引发的冲突很难，那需要深切的关心，不能一心只想减轻自己的负荷，还要让双方朝着更和谐的关系迈进。当我生气或忍无可忍时，谈论情绪劳动无法带给我任何助益。如果我只叫他回去换书，并从一开始就鄙视他去买礼物所付出的心血，那并不能帮他了解任何事情。后来我平静下来，跟他解释买礼物是一种关心的表现，我一直很认真看待这件事，现在把这件任务托付给他，我们才又开始向前迈进。我不只希望他挑选合适的礼物，我也希望他能明白为什么这份礼物很重要，为什么送对礼物很重要。我希望他在这方面可以做得更好，我希望他能够关心，而且不仅是为了我，也是为了他自己。

情绪劳动是必要的，它可以强化关系，在我们的生活中创造出以关怀为中心的秩序结构。诚如希拉里在《何以致败》（*What Happened*）一书中所写的，情绪劳动是"维持家庭和职场运作的动力"[1]。放弃情绪劳动，将导致整个世界无法以同样的效率、礼仪、关心持续运转。如果情绪劳动毫无价值，我会干脆放弃不做，但我并不这样想，这也是我希望丈夫学习精进这个技能的原因。

社会不指望男性从事情绪劳动，这可能会使男性的生活过得比较轻松，但不见得使他们的生活过得更好。忽视情绪劳动使男人成为生活的被动消费者，使他们无法成为投入的伴侣、父亲、儿子和朋友。我采访索普时，她的处境相较于当初发表《母亲、作家、怪物、女仆》一文时已经改善了许多（例如，她的丈夫不再把毛巾扔在地板上），但一些熟悉的失衡状况依然存在。她说："他只是在我精心安排的生活中出现而已。"[2]他对许多事情视若无睹，很多东西他都认不出来。她不禁纳闷，他有没有意识到孩子跟母亲比较亲，有没有为此烦恼过。他体验亲子生活的方式与她截然不同。

我不希望罗伯觉得孩子跟我比较亲，跟他比较疏离；或觉得这个家比较像是我的家，而不是他的家。我希望他一起参与维持及享受我们的生活，因为我真的觉得，光是出现在生活中，而不积

---

① Hillary Rodham Clinton, *What Happened* (New York: Simon & Schuster, 2017), 133.
② 2017 年 12 月 20 日接受笔者采访。

极参与生活，会错失一些东西。逃避情绪劳动也丧失了一些独立性，让你在自己的生活中缺乏发言权。研究显示，逃避情绪劳动可能在未来的人生阶段伤害男性。万一承担多数情绪劳动的伴侣过世了，另一人就会顿失依靠，不知该如何完整地生活。他们的朋友和已逝的伴侣不同，他们也不知道该如何维系家庭关系，他们甚至不知道该如何烹煮自己最爱吃的餐点或如何洗衣，他们也不知道如何照顾自己，因为之前总是有人照顾他们。在生活中更深切地关心周遭的人，更全面地融入生活体验，并不是一种负担，而是一个机会。

我不想放着情绪劳动不管。我希望有一个共同分摊及了解情绪劳动的伴侣，我希望，在这个平等的空间里，他也能理解深切关爱的好处。我希望我们都关心孩子、关心自己、关心彼此的舒适和幸福。解开牢牢束缚我们身份的文化预期并非易事，但我知道，解开最终可以为我们创造更好的生活。我们正努力理解情绪劳动的内在力量，以便摸索让双方都能自在发展的平衡状态。那是一种终极境界，但是要想掌握情绪劳动的价值，就必须先了解情绪劳动的缺点。

第五章

我们做了什么以及为什么而做

2015 年，瑞茜·威瑟斯彭（Reese Witherspoon）荣获《魅力》杂志（*Glamour*）的"年度女性大奖"。她在颁奖典礼上发表的得奖感言在网络上广为流传。她在演讲中提到她看剧本时，最怕看到某些台词。比如，很多电影里会出现这样的时刻，女性角色转向男性角色，说出六个令人尴尬的字眼："现在该怎么办？"

她以夸张的尖锐音调，又把那句台词重复了一次。她摇摇头，睁大眼睛，困惑地眨了眨眼。她问大笑的观众："你认识任何身处危机，但不知道该做什么的女人吗？女人在危机中不知所措，这实在太荒谬了。"

"现在该怎么办？"不是我们问男人的问题，而是我们必须经常自问的问题。面对一些重要的事情时，我们内心会进入一种解题模式。我们仔细将所有细节排好，思考全局，并考虑那个问题的各种可能性，然后自问怎样处理最好。我们的目标不光是找出一个解决方案，而是找出最好的解决方案。我们千方百计寻找方案，不会等到错误出现才处理。我们以全面又仔细的方式处理问题，那是大家经常低估的一项技能。这些都是情绪劳动教会我们的。情绪劳动虽然是生活上的负担，但我们也应该肯定情绪劳动有其好处，包括它让我们和生活更紧密地相连，让我们更全心全意地去联系及关爱，让世界以更文明有序、更有效率、更注意细节的方式运作。因此，现在我们的任务是找出情绪劳动的缺点，以便"一起"善用情绪劳动的最佳效能。

从事情绪劳动时常令人沮丧，此时大家最常问的是："现在该怎么办？""下一步该怎么进行？"或"如何拿捏可行的平衡点？"如果我们希望情绪劳动不再是累赘，就需要承认情绪劳动是既辛苦又有价值的，但这两种特质不会相互抵消。情绪劳动是一种耗时、伤神、熟能生巧的技能，通常是以关怀、解决问题、情绪调节的方式同时体现出来。我们在家里、在职场上、在外面的世界里从事情绪劳动。我相信，只要深入研究情绪劳动，探究细节，并把它们和生活相连接，我们就可以发挥所长。擅长情绪劳动的人可以掌握庞杂的问题，并着手设计一套特殊的解决方案。我们会小心翼翼地为"现在该怎么办？"寻找答案，找出一个不仅对自己有利，也对周遭的人有利的答案。

为此，我们必须先找出情绪劳动的问题根源，因为它关系到我们的生活。霍克希尔德第一次提到情绪劳动时，是描述它和职场工作的关系，那是经验中一个独立的区块。但现在情绪劳动的定义不止于此，它已经变成我们的生存方式，并以好坏的两面与生活紧密地交织。如果情绪劳动不是很劳心费神，我们就无须讨论。但如果情绪劳动毫无价值，我们也不会去做。现在该是好好善用情绪劳动的时候了，我们应该掌握它有价值的部分，并调整它令人疲惫不堪的部分。

每个人从事情绪劳动的挫败感各不相同，但我采访了数百位女性后，注意到那些女性有三个共通的感受：她们从来不觉得自己有足够的脑容量去解决自己的问题，因为她们太关注细节了；她们永远无法暂时抽离"迎合周遭需求"的角色；她们从事的情绪劳动从未被看见、获得肯定或受到赞扬。她们描述的情绪劳动是劳心费神、持续不断、不被看见的。这就是导致这种有价值的劳动如此繁重的三个因素。

劳心费神的劳动

尽管女人可能很习惯为周遭的人营造舒适幸福的氛围，但这并非易事。维持一个家庭顺利运作，不只是一种体力活，也涉及许多劳心费神的活动，尤其是为他人做选择的时候。打造生活时，我们面临许多选择，虽然选择多看似很好（可以量身定制，臻至完美境界），但是在匆忙状态下，选择多可能反而会令人不知所措，不知该如何挑选。

巴里·施瓦茨（Barry Schwartz）在《选择的悖论：用心理学解读人的经济行为》（*The Paradox of Choice: Why More Is Less*）里提到这种选择太多以至于难以抉择的情况。当我们面临那么多选择时，选择的过程并不给人解放自由的感觉，而是令人麻痹。当我们不只为自己挑选，也为周围的人挑选时，这种不知该怎么抉择的茫然更是明显。施瓦茨写道："选择更多，不见得就说明掌控更多。选择可能多到目不暇接，使人不知所措，那时我们不再感觉一切都在掌控中，反而觉得无法应付……想搞清楚该选哪个变成了沉重的负担。"[1] 施瓦茨是从单一消费者的角度来写这本书的，但是对女性来说，我们的任务不只是挑选最合身的裤子或最喜欢的沙拉酱。我们常为全家做选择，权衡彼此不一致的偏好，试图找出促进家庭和谐的选项。我们必须找到合适的医生，为每位家人预约看诊。（施瓦茨在研究中指出，与医疗保健有关的选择重担几乎都由女性承担，通常她们不仅负责守护自己的健康，也负责守护伴侣和孩子的健康。）我们帮助引导每位家人决定他们该参加什么运动，并帮忙安排运动时间；我们决定什么时候写作业最好；我们决定自己承担哪些家务，并把哪些家务交派出去。我们不断地做选择，而且那些选择往往没考虑到自身的福祉，因为我们总是把焦点放在别人身上。

这也是为什么有人偏离我们为家庭运作所做的选择时，我们会感到失望。我叫罗伯买某种奶酪回家，但他买错种类时，我必须思考究竟要更改晚餐计划，还是自己去商店买正确的奶酪？最后的选择往往视哪个最不会导致冲突而定。孩子今天非吃千层面不可吗？对。用切达奶酪做千层面的味道一样吗？不一样。要求罗伯去店里重买奶酪太严苛了吗？可能吧。要求他接手烹饪晚餐

---

[1] Barry Schwartz, *The Paradox of Choice: Why More Is Less* (New York: Harper Collins, 2004), 108.

比较简单，还是请他去重买奶酪比较简单？

这种"我该怎么做，好让大家皆大欢喜？"的内心独白经常上
演，消耗很多心神，那些精力原本可以用来做更有意义或更具创
意的事情。多年来我一直纳闷，大学毕业后我就生了第一个孩子，
后来究竟发生了什么？即使我有空闲时间，为什么我再也写不出
小说？为什么过完忙碌的一天后，我只想瘫在电视机前，浪费一
个晚上看《办公室》（*The Office*）回放，而不是从事创意工作来充
实自己？况且，我根本没有做很多事情。每次朋友问我在忙什么，
我总是答不出来。我窝在家里，决定怎么照顾孩子，决定挑选什
么衣服、食物和活动对我们最好；担心孩子的体重增加是否足够，
或孩子入睡后会不会死于婴儿猝死症；思考要不要带孩子出门买
东西，还是等罗伯下班再去。若是带婴儿出门，婴儿会不开心吗？
（他会不会在连体衣里拉屎？几乎一定会。）我利用夫妻可以独处
的宝贵时间，偷偷跑去超市购物，罗伯会不会觉得被冷落了？现
在我该直接喂母乳，还是用挤奶器？我该给宝宝穿上可爱的衣服，
还是让他穿睡衣比较舒服？即使我的日子看起来平淡无奇，我的
脑子依然转个不停，但我很少像以前那样以更具远见的方式思考
自己，觉得生活充满意义。如今占用我心神的事情，几乎都没带
给我情绪上的回报，它们只让我觉得筋疲力尽。我终于明白为什
么那么多女人说，她们成为母亲以后就迷失了自我。我再也没有
精力和情绪去关注我的内心、我的创作及我的生活意义。每天结
束时，我整个人已经被掏空了，再也无法给出什么。

最终，我从母职中找到一种节奏，但那不全然是一种直觉。身
为作家，我必须努力为写作腾出脑力空间，目前我还是无法做到

得心应手。我的脑子随时都处于超负荷状态，我依然不断地为周遭的每个人做选择。更糟的是，随着孩子成长，我也得为他们创造选择，以维持他们的自主和自由感。如果我不想为了我挑选的衣服而跟女儿争吵，我必须挑选两个一样诱人的选项，让她来决定比较喜欢哪一种。（要是让她自己挑衣服，她会在下雪天穿蓬蓬裙出门。）我直接把任一种早餐放在大家的面前时，总是会引起抗议，所以我必须提出（并准备好执行）多种选项：我们今天吃法式吐司、燕麦片，还是培根炒蛋呢？我和罗伯晚上出去约会，我不想挑选地点时，罗伯总喜欢说我不积极，但其实我根本不在乎什么地点，我只是想暂时摆脱选择的麻烦。当他不肯罢休，依然要我挑选地点时，最后我通常是看"哪里的菜单选项不多"或"哪家餐厅是我已经知道要点什么菜"。

当然，选择困难不是女性独有的现象。在这个充满选择的时代，每天都有大量的选择轰炸我们。平均而言，我们每天有意识地做出三万五千个选择，其中有两百个选择跟食物有关[1]。选择会消耗心力，这也是奥巴马总统决定每天穿同样的西装，马克·扎克伯格每天穿牛仔裤和普通 T 恤的原因——使生活中的某些部分自动化，可以扩增我们的心智能力。"为了获得选择多元的好处，避免选择太多的负担，我们必须学习做选择性的抉择。"施瓦茨写道，"我们必须逐一判断哪些选择确实很重要，并把精力集中于其上。"[2]对女性来说，这是艰巨的任务，因为我们总是假设所有的选择都

---

[1] Joel Hoomans, "35,000 Decisions:The Great Choices of Strategic Leaders," *Roberts Wesleyan College*, March 20, 2015, https://go.roberts.edu/leadingedge/the-great-choices-of-strategic-leaders.
[2] Schwartz., *Thie Parador of Choice*, 109.

很重要，没有意识到我们可以只做某些选择，并放弃一些不太重要的细节。如果我们想要重新拥有足够的余力，让情绪劳动成为对我们有利的力量，而不是把我们搞得精疲力竭，决定事情的轻重缓急、好好排列优先级正是我们所需要的。

持续不断的劳动

我们对于情绪劳动所做的选择，不是在踏出家门的那一刻就停止了。情绪劳动也伴随着我们踏入外在的世界，进入职场，然后又回到家里。霍克希尔德所描述的情绪劳动，是局限在工作时段之内，但我们现在讨论的情绪劳动已经超越了明确的界限。我和闺蜜一起出去吃晚餐时，我常低头看手机，等待罗伯发消息来问孩子晚餐该吃什么，或某个毛绒玩具放在哪里，或如何温热砂锅。即使我没收到消息（很少数的情况），我依然随时准备好扮演管家的角色，即使我不在家。我的电话号码总是列在家人通讯录的第一位，我总是随叫随到。我从来无法完全处于工作模式或度假模式，因为我无时无刻不处于情绪劳动之中。有时我很难判断这究竟是性格使然，还是情绪劳动造成的——我究竟是天生追求井然有序，还是出于必要才变得有条理，抑或是两者兼有？我是个喜欢管这管那的控制狂，还是认为掌控一切很重要的人？很多情绪劳动的存在，是因为我们想做，例如我喜欢规划假期，就那么简单。我喜欢规划假期的每个细节、每个决定、每次探索，甚至连相关的预算和储蓄都很喜欢。我喜欢在脑中思考那些事情，例如查机票价格、研究海滩、预订房间。我从来不觉得那些事情枯燥或麻烦。但如果我不喜欢规划假期，觉得那很消耗我的心神，我还是得当大家的假期规划者。那就像我做的许多事情一样，变成别人对我的指望，无可避免。

我想关心别人，想有个运作顺利的家，希望大家在我的身边感到自在。我知道情绪劳动是有价值的，我认识的多数女性也这么想。然而当我们忙到精疲力竭、心怀怨恨时，我们依然努力关心他人、掌控局面、维持周遭人的舒适感，因为不管我们是否愿意，大家都期待我们扮演好这个角色。我们知道，当情绪劳动多到难以独自承担时，我们没有机会打破或改变那种失衡状态。我们可能因此崩溃而告诉伴侣，我们需要他们承担更多的劳动。但不知怎的，任何改变总是会回归原点，也就是说，这种劳心费神的劳动不管怎么分派出去,最后仍完全归属于我们。我们依然随时待命，依旧得自己主动提出要求，分派任务，而且还要以避免纷争的方式来要求及分派。这是持续不断的劳动，也是使情绪劳动如此累人的第二大原因。

此外，社会也要求我们想尽办法运用这个技能，以维持周遭人的幸福和舒适，无论什么情境。乔安妮·李普曼（Joanne Lipman）在著作《聆听女性：职场中的性别沟通》（*That's What She Said*）中谈到职场平等的话题，她指出社会上有一个观念，要求女性应该配合男性标准来调整——仿佛女性不常这样做似的。女性为了配合男性标准而刻意投入的心血已经多到荒谬，但她们做那么多，依然觉得吃力不讨好。李普曼写道："女性已经改变很多了。所有的女性……都试图融入一个以男性的形象来塑造的职场。我们说话、穿衣、写邮件、展现自我的方式——我们意识到自己受文化规训展示的形象，其实跟原本的我们截然不同。"① 当然，我们在职场上从事情绪劳动的方式，和在家里不一样，但两者都源自同样的文化预设：女性该如何在男性的世界里穿梭。我们应该让每个人感到舒适，应该让每个人开心，应该随时准备好迎合他人。

我们坚持的规范，并非我们用心思考过的规范。多数人不会花时间去思考父权制如何支配我们的行为、反应、生活。这些事情是如此的根深蒂固，以至于我们几乎没注意到它们，也包括我们的伴侣。我们不常想到自己手上有多少任务，我们甚至还会为"为什么所有的事都落在我身上"、世界运作的方式、我们的伴侣、我们的行为等找借口。我们把情绪劳动及它的持久存在视为生活中永恒不变的一部分。霍克希尔德的《心灵的整饰》谈到下班后试图抽离情绪劳动的影响，但是当我们根本无法抽离情绪劳动时，会发生什么？当情绪劳动无时无刻不跟着我们，当我们无法休息片刻，丢下一切不管时，我们该怎么办？

我们犯错或没做那些"分内工作"时并不会遭到解雇，但我们会因为没达到社会和自己强加在我们身上的期望而感到内疚。我们知道家是我们的领地，因为文化里的种种都在这么告诉我们。（有些人认为，女性之所以拒绝放弃对家庭的控制权，是因为家庭仍是她们觉得自己拥有真正权力的唯一地方，我无法假装这个说法没有击中痛处。）我把洗碗的任务交派给罗伯后，每当看到碗盘在水槽里堆积起来就不禁恼火。而我之所以恼火，不是因为那件事

---

① Joanne Lipman, *That's What She Said: What Men Need to Know (and Women Need to Tell Them) About Working Together* (New York: HarperCollins, 2018), 1.

没人做，而是因为没有马上做，没有照我的标准做。那也让我觉得，家庭运作中的每个细节（无论是不是在我的掌控中）都反映了我身为女性的技能。即使我们把一项任务交派出去，我们也很少放手。情绪劳动不会在你转移责任时结束，它会一直持续到任务完成为止。

不被看见的劳动

在情绪劳动所衍生的挫败感中，有一种挫败感最特别。由于情绪劳动是不被看见的，所以它经常盘旋在我们的脑中，而且似乎没人知道我们在做那件事。有时我也无法理解，为什么情绪劳动界定了我们生活中的许多事物，却有那么多人看不见它的存在，尤其是那些日复一日从中受益的人。

三十三岁的朱莉·基梅尔克（Julie Kimock）是两个孩子的母亲。她说，情绪劳动的无形性，在她身为军属所承担的情绪负担上又增添了一种深刻的孤独感。她在 Blunt Moms 网站上写道："大家以为我们只是闲坐在家里，只做一个不会质疑、不受肯定、没有支援的人。我们跟着军队搬家、适应环境、持续过日子，只知道国家比家庭重要。我们接受挑战，做出牺牲，继续孤独地前行，似乎没有人注意到我们。我们独自养儿育女，独自庆生、过圣诞节。我们自己找租的房子，自己开车去维修。晚上我们独自哭泣，感到孤独，想念伴侣。我们和电视新闻主播成了朋友，因为有时候那是我们一整天下来唯一听到的成人的声音。"① 她告诉我，每隔两三年，她就必须搬家，重新开始，找新的医生、新的学校、新的游乐场、新的时间表、新的超市，结识同样是妈妈的新朋友。她肩负着营造温馨家庭的重任，还要在搬家的过渡期，满足家人的情感需求。她不仅要承担这种繁重的情绪劳动，大家还希望她毫无怨言，甚至不要吐露心声。她告诉我："这是一种逆来顺受的文化。"她也指出，每次谈到军人的妻子时，就常听到"眷属／受扶养的家属"（dependent）这个字眼。她觉得那个字眼很讽刺，尤其考虑到她们的丈夫派驻在外时，他们有多么依赖妻子来稳定家庭。"外界对我们多有批评……说我们是为了获得美国国防部的医疗保健福利和一辆小货车才当军属的。如果你变胖了，大家就把你视为好吃懒做的'军属寄生虫'。"② 她说，她的丈夫已经竭尽所能地帮助她及提供支持了，她知道很多军属在这方面不像她那么幸运。尽管如此，她还是有一种感觉，自己持续抱怨这种令人沮丧的无形负担只是因为她疯了。大多沮丧源自她的家庭和文化并不理解那些无形劳务，而且坦白讲，大家也不想听。

　　我采访的许多女性其实只是希望自己的付出有人看见，她们希望获得感谢和肯定，希望大家能肯定她们做的事情是有价值的。这也是为什么情绪劳动对全职妈妈来说特别沉重。你在家里辛苦忙碌一天，无人目睹，你期待伴侣理解你，支持你，但他下班回家却对你的劳动视而不见。面对这种伴侣，特别辛苦。

---

① Wannabee Blunt, "Military Wives Are the Final Frontier of Feminism," Blunt Moms, http://www.bluntmoms.com/military-wives-final-frontier-feminism/.
② 2017 年 11 月 9 日接受笔者采访。

四十四岁的埃琳·卡尔（Erin Khar）是两个孩子的母亲，在家工作。她把自己做的一长串脑力工作和情绪工作描述为"幕后工作"。没有幕后的一切工作，就不会有幕前的作品。养儿育女、管理家务、让每个人感到舒适快乐，这些都需要付出很多的心血。当然，每个人都心存感激，或至少感谢最终的结果，但他们不是真的看到或理解你确切做了哪些事情。卡尔说，她和丈夫之间有一条不成文的规定，那就是她负责满足孩子的情感需求（从婴儿期的成长需求到青春期的阵痛），因为他们一致认为她"在这方面比较在行"。他之所以了解她做了什么，是因为事后她会向他汇报，以简洁易懂的方式来说明她经历了哪些情绪的雷区。卡尔说："我发现，他不太理解我的情绪疲惫，是因为他不负责做这类养育工作。"[①] 那些任务一向落在她的肩上。如果她没有时间，她注意到儿子会去找外婆处理，而不是找父亲或祖父。她的儿子知道，女性在家庭中提供必要的情绪工作，即使他没有意识到这些互动所涉及的心力。

　　当然，除了负责这些情绪工作以外，为了让家庭顺利运作，她还需要投入其他的情绪劳动。卡尔负责为全家买菜、添购日常用品和清洁用品，缴账单，安排各种预约（看病、看牙、理发等），处理所有工作之外的物品补给、表格签名、安排日程，等等。她帮孩子买衣服，因为只有她注意到孩子长大了，衣服太小了。她处理所有与学校有关的事情，因为她是负责检查书包的人。她负责烹煮三餐，报名夏令营，以及家中大部分的体力活儿。她跟许多女性一样，丈夫在家里会帮忙，但不负责家务。他会喂养宠物，

---

① 2018 年 2 月 28 日接受笔者采访。

遛狗，清理猫砂，晚饭后洗碗，打扫房间。周末他会让她多睡一会儿，自己陪九个月大的孩子。她描述的体力活分工不是那么公平，但体力活只是冰山的一角。至于那些表面看不见的工作，已经达到她丈夫和儿子都无法理解的深度。

孩子无法理解那些情绪劳动，基本上是养儿育女的代价。除非孩子将来也为人父母，否则他们不会也不可能理解养育儿女所付出的情绪劳动。即便他们将来有了孩子，通常也只有女儿会有这样的顿悟。我是生第一胎后才强烈感受到母亲为我所做的一切，并满怀感激的。以前我完全看不到也不了解，直到我身为人母，做同样的情绪劳动以后。日复一日把整天时间都拿来迎合一个小人儿的身心需求，而且那个小人儿连微笑都不会，更遑论知道我为他做的一切，这样的日子真的很辛苦。这也是为什么当丈夫下班回家，走进家里却看不出我做了什么工作时，我会感觉更辛苦。事实上，那些劳动是全然隐形的，不着痕迹，以至于丈夫下班回家直接脱掉鞋子后，就把鞋子扔在客厅。他会把公文包等放在餐桌上，把夹克搭在椅背上，而不是挂在壁橱里，然后从冰箱里拿出零食，把装零食的容器搁置在我刚清洗过的料理台上。只要一有空，我就会跟在他身后把东西归回原位，因为我知道我不做的话，那些东西会永远搁着。我几乎从未跟他提过我一直跟在他身后收拾东西，所以也很少因此获得感谢，但这不是因为他没有礼貌或默认我应该为他做这些，而是因为他根本没看到这些事情。他要是看到我帮他挂起外套，他会觉得很丢脸，连忙道歉，也许第二天下班就会自己把外套挂起来。但时间一长，他总是会恢复原状。他把东西随手一搁，那个东西就会神奇地从那里消失，回到该放的地方，但他从来不会看到或承认物归原位的体力活，也不会注意到东西需要归位。他似乎对杂乱和干净都视若无睹，无动于衷。我总是需要开口要求，他才会去做。我确实可以获得更多的帮助，但感觉我永远不会有一个主动注意到何时该做事情的伴侣，我总是需要开口要求才行。除非我可以想办法让他了解情绪劳动隐于无形是什么感觉，否则我的情绪劳动永远也不会有人看见。这是一场艰苦的奋战，但也是一场值得努力的奋战。

这件事之所以值得努力，是因为我可以看出变化不止出现在表面。他不是只注意到更多需要做的事情并付诸行动。他参与情绪劳动后，也可以为我腾出更多宝贵的余力，让我做我的工作，享受生活。他从事情绪劳动后，也让他与生活中从未意识到的方面更紧密相连，他对于自己身为父亲和伴侣的角色变得更有信心，不再觉得他的价值只取决于他的收入。从此以后，他重新定义了男子气概对他的意义，那是一种显著的改变。

重新定义各自角色时，我可以看到这些明显而直接的效益：充实的生活、更融洽的伴侣关系、真正的平等感。不过，我也看到更多的利好近在咫尺。谢丽尔·斯特雷德（Cheryl Strayed）邀请我上她的播客《Dear Sugars》谈情绪劳动，她在节目中讲了一个故事，说她看到儿子拿着玩具扫帚扫地。看着孩子扮演大人，以充满想象力的游戏来模仿我们的行为十分有趣，但那个例子令她印象深刻，是因为她问儿子在做什么时，他回答："我假装我是一个爸爸。"斯特雷德说儿子的说法令她不禁停了下来，孩子的扮演反映了文化的变革，一种始于家庭内部的变革。"男子气概就是这样重新定义的，女性气质也是这样重新定义的。改变就是这样产生的。"①

　　我之所以想改变生活中情绪劳动的平衡有很多原因，其中最重要的是：这种改变将会改变孩子的生活，也改变未来。我想看到的世界变革是从这里开始的，从我们开始，从孩子在我们身上看到及学习到什么是真正的平等开始。他们不是从教科书中学习他们在世界中的角色，而是先从家里学习。我们现在选择做的事情，将会塑造他们的世界观并改变一切。我希望儿子愿意且能够在情绪劳动中承担自己的责任。我想让女儿知道，让身边的每个人都感到舒适和快乐不是她的义务。我希望我们打破这个循环，让所有的孩子都能过更好、更充实的生活，不止在家，在这个不断改变的世界也是如此。

① Cheryl Strayed and Steve Almond, "Emotional Labor: The Invisible Work (Most) Women Do-with Gemma Hartley," *Dear Sugars*, May 5, 2018, http://www.wbur.org/dearsugar/2018/05/05/emotional-labor-invisible-work.

第二部分

社会与职场中的情绪劳动

第六章

到底是谁的工作？

2010 年 12 月 12 日，我关上 Cache 女装的店门，打电话给丈夫请他来接我。我是那家店的副店长，我和同事整理了一下店面，把当天的现金拿到商场后面的储物箱存放。最后一次走出店门时，我试图把眼前的一切都铭记在心底：转动钥匙的时候，沉重的插销滑入定位的满足感；美体小铺（Body Shop）令人陶醉的花香，我们常在那里停下脚步闲聊并试用乳液小样；心不在焉的警卫；推开重重的后门时，迎面而来的冷冽空气。这是最后一次了。我没有产假可请，一直工作到临盆的前一刻。最后一次值班的前三个小时，我已经进入生产初期的阵痛状态。罗伯在邻近午夜时送我到医院，翌日我就生下儿子。

在分娩的前一年，我就在焦急地等待这一天的到来了：我不仅在等待孩子出生，也在等待我终于辞去零售业的工作。我已经厌倦了那些不把我当人看的顾客。上班的最后一晚，一位老顾客因为我宫缩时坐在凳子上而责备我，笑我根本还没真正进入阵痛期。她记得自己阵痛时是什么感觉，我的早期阵痛显然不符合她预期的样子。她觉得我只是不专业、偷懒，我的痛苦带给了她不便，破坏了她已经习惯了的美好幻象。她想看我展现"正常"轻快的客服语气，迅速帮她挑选衣服。我在试衣间外等候时，她期望我扮演虚假友人的角色，夸她看起来有多美，因为她总是一个人来购物。多年来，我一直在做这种职场上的情绪劳动，我早就准备好放手了。

不过随着离职，我放下的不只是"与顾客打交道"这种情绪劳动。一周前，我才刚从内华达大学雷诺分校毕业，我为了那个学历努力了很久。所以短短一周内，我的人生就从一个充满文化价值的全日制学生和勤奋工作的员工，变成一个全职妈妈。我很快就意识到，全职妈妈这个角色的工作是完全隐于无形，且遭到严重低估的。虽然我在零售业工作时遭到顾客的不友好对待，但大体说来，我们的文化还是很尊重我这个靠全职工作完成大学学业的学生。在那个一边工作一边完成学业的人生阶段，我常因为"做了那么多事情"而受到赞扬，但是当我的身份切换成母亲后，很快就开始有人问我，我整天在做什么。

产后的最初几个月，我独自一人在家里照顾新生儿，那种孤立感冷酷又无情，尤其我又是从热闹的社交生活中转入那个状态的。新生活也很充实，甚至比生孩子之前还要充实，但没有人见证或肯定我做的事情。那些事情的无形性，以及它们在身心与情绪上带给我的冲击，都令人抓狂。我使尽浑身解数，但仍感觉疲于招架，差点瘫掉。我不明白为什么花那么多的精力，却只看到那么少的成果。每次有人问我一整天在做什么，我只能展示一个还在呼吸的婴儿。每晚上床就寝时，我已经精疲力竭，毫无气力。当时我不知道什么是情绪劳动，只觉得自己快疯了。

随着时间的流逝，我越来越擅长母职了，学会了专业地照顾儿子，熟悉了他所有的偏好，自学了各种育儿方式，并挑选了一种感觉最恰当的方法，更投入家庭的运作。我研读了学龄前的育儿标准，并把那些课程融入日常生活。我开始精心烹饪家常菜，进一步削减我们微薄的预算以便偿还债务。我全心全意地投入母职及家庭。我觉得有必要为了这个家庭付出一切，因为没有薪水以后（即使只是 Cache 女装那种卑微工作的薪水），我感觉自我价值暴跌。全职妈妈变成了我的全职工作，我当然可以感受到这份工作在身心上带给我的冲击。然而，无论我付出多少情绪劳动，这份工作从来不像罗伯的工作那样受人尊重。尽管我比以往更努力付出，我的社会地位从未如此低下。

亲友和我认识的其他妈妈都说，我能待在家里照顾孩子是一种难能可贵的"福气"，即使我选择当全职母亲是出于经济需要，而且我也竭尽所能把它做到了最好。但是相对来说，罗伯的零售工作才算是"真正"的工作，他的工作有显而易见的社会价值，有一份薪水，为社会所认可。为家人打造生气蓬勃的生活是很重要的工作，注意家人的情感需求对他们的幸福至关重要——这项工作无疑是必要的，但是相较于在女装店的橱窗陈列，它获得的关注和赞扬就没那么多了。我从来没想过我会羡慕那些重返工作岗位的母亲，但我辞职在家带孩子不久就开始这样想了。就像贝蒂·弗里丹（Betty Friedan）在《第二阶段》（*The Second Stage*）中所写的，我可以看到，"真正的权力，那种有回报的权力，存在于家庭外的社会中。"① 无论我把全职妈妈的角色扮演得多好，我都不可能以这个身份找到同样的价值，因为我做的是"女性的工作"，一种大家依然不重视，甚至通常看不见的工作。

这种照护型的劳务遭到低估，导致母职这个身份很难让人乐在其中。理论上，我知道养儿育女的工作很重要，我正站在第一线栽培未来的栋梁，把他们培育成受良好教育、善解人意、适应力强的成年人，至少这是我的希望。我跟每位担任主要照护者的家长一样，知道那份工作很辛苦，而且肯定比零售业工作还要辛苦。而且，相较于我现在当作家所做的创意和脑力劳动，母职辛苦太多了。那是需要善用更多种情绪劳动技巧的工作，你需要根据家庭的需要，毫不费力地从一种照护型的劳务转换成另一种劳务。例如，在一杯牛奶溅到你最后一件干净衬衫上的短短几秒钟内，从讲故事的人变成安抚者。情绪劳动可能不需要训练，但肯定需要培养，而且我是唯一做这项工作的人。

当罗伯每周工作五十小时，而我整天待在家里时，某种程度上，这种失衡似乎是合理的。毕竟，我们各自都有全职工作，我的全职就是当妈妈。这也许无法构成由我承担家庭生活和人际关系中所有情绪劳动的理由，但确实解释了为什么我会承担较多。这也是为什么，当我的事业开始起飞，开始长时间工作，成为家庭收入的主要来源，而罗伯变成全职在家时，家中状况似乎完全没变，我会感到如此沮丧及困惑的原因。在此之前我心想，我之所以肩负起情绪劳动的重担，或许是因为那是全职妈妈的默认任务。我

---

① Betty Friedan, *The Second Stage* (New York: Summit Books, 1981), 94.

没料到的是，变成职场妈妈以后，情绪劳动失衡的问题依然没有解决。职场妈妈面临的状况和全职妈妈一样，只不过她们处理细节的方式更不同，有时更紧锣密鼓。罗伯遭到裁员后，我很快就意识到，我们承担的任务落差远比我们的工时差距还大。不管我在家庭之外有没有全职工作，不管我是否待在家里，不管我是否赚更多，这些都不重要，承担多数的情绪劳动总是我的责任，而这个要求我丈夫永远不需要面对。

我采访玛丽亚·托卡（Maria Toca）时，她告诉我她正在考虑要不要成为全职妈妈。她喜欢目前幼儿园老师的工作，但是照顾自己的三岁孩子以外，还要日复一日在幼儿园照顾幼儿，这使她精疲力竭。她的上班日充斥着情绪劳动，家庭生活中也是如此。她受访时，我们的两个孩子在地板上玩耍。她说最近一直在考虑暂时离开职场，以便花更多的时间陪伴儿子，但她考虑的不止经济方面。托卡说她想成为全职妈妈时，她想象的情境并不像我认识的其他职场妈妈所想的那般美好。她非常清楚整天照顾孩子的辛苦，她知道在毫无午餐休息时间或其他人帮助下，每天照顾儿子的工作量有多大，但这不是她犹豫的原因。

她说："我想当全职妈妈，但我又害怕身为全职妈妈所面对的期望。"① 谁的期望？每个人的期望。她的墨西哥移民家庭觉得，她在迎合丈夫和孩子的需求上做得不够好，对她多有批评。她觉得成为全职妈妈后，她对自己的期望可能会改变，但也许最重要的是，她担心丈夫对情绪劳动的期望也会改变。她担心自己在家中扮演更传统的角色时，大家会开始对她抱持传统的父权期望。

---

① 2017 年 12 月 3 日接受笔者采访。

她说她在脸书上加入了一个全职妈妈的社团，尽管她还不是全职妈妈。她以难以置信的口吻提到，一位妇女在社团里寻求建议，问那些女性如何让伴侣下班返家后维持快乐。结果讨论区里涌现出了许多诚挚的建议，例如确保房间收拾干净、为他准备晚餐、在他进门前化妆，等等。这些建议和艾尔弗雷德·亨利·泰勒牧师（Alfred Henry Tyrer）1936 年首度出版的《性满足与幸福婚姻》（*Sex Satisfaction and Happy Marriage*）所列的如出一辙。那本书中除了提到上述建议外，还有一些很奇葩的内容，例如伴侣要求你陪伴时才说话；满足配偶的性需求，同时对你自己可能遇到的问题只字不提。虽然这些建议大多看起来可笑又过时，但是对多数女性来说，"我们的价值与周遭人的幸福息息相关"这样的观念依然没变。即使在最进步的婚姻关系中，这种观念仍依稀存在。

托卡告诉我，她的伴侣现在负责做饭，她担心当了全职妈妈后，大家的期望可能会改变。当你做的事情毫无酬劳时，一切由你包办的压力会变得很大。尤其社交媒体这个新世界展现出了许多母职光鲜亮丽的时刻（少有发脾气、混乱、恐怖的现象），那会使你更想把很多事情揽在自己身上。我知道，我不止一次因为渴望那种完美的母亲形象，而把自己搞得精疲力竭。看着 Instagram 上那些干净、精心整理的家庭生活照时我心想，该怎么做才能使自己的生活变成那样。洗更多的衣服吗？化更浓的妆吗？读更多的育儿书吗？答案是做更多的情绪劳动。诚如弗里丹在《女性的迷思》（*The Feminine Mystique*）[1] 中描述的那些郊区家庭主妇（她们全力投身家务甚至到了荒谬的地步），如今的母亲几乎把母职变成了奥

---

①此书在中国大陆出版时书名译为《女性的奥秘》。——编者注

运会项目。我花了很多时间在失败的 Pinterest 计划上，不断地统筹及调整家庭的运转系统，为孩子的派对烘焙特别的甜点，夜里担心孩子的学习成绩和择校事宜。然而，即使是母职最繁重的那几年，我也经常觉得自己做得还不够。托卡说，即使她的墨西哥移民家庭总告诉她，现在她有哪些地方做得不够好，但她知道，目前她在工作与家庭之间拿捏平衡，可能远比成为全职妈妈后必须承担更多的情绪劳动来得容易。她的墨西哥家人偶尔会拿她的懒惰和不会做饭来开玩笑，那些"玩笑"暗示着，她没有达到她的伴侣，她的"好男人"所期待的情绪劳动标准。他们的反应让她更加担心，转变回传统的生活方式必须承担更多的情绪劳动。

她指出："我丈夫在家里做任何事情时都会得到称赞。我却因为对他期望太多而受到家人的指责。"至少现在她还有一份工作可以作为"借口"，以减轻自己的一些压力。

她坦承她有内疚感，因为她确实有一个观念进步又做"很多"事情的伴侣——至少与家人眼中的"正常"情况相比。她说，她的外婆仍为外公做一切事情，帮他拿任何想要或需要的东西，让他不必亲自动手，除非他想自己去拿。她回想起童年时，母亲总是独自烹调所有食物、老是在打扫家里，每天早上帮她和弟弟做好上学前的准备工作，从来没得到过丈夫的任何帮助。她的父亲下班回家后，只会窝在沙发上。尽管如此，她的母亲依然觉得自己做得不够多。"有一次我们正在吃饭，那桌饭菜一如既往全是我妈一手张罗的。她像往常一样辛苦工作了一天。晚餐结束后，我爸说：'你今天没做莎莎酱，没热玉米饼吗？'"托卡回忆道，"直到今天，我妈还对那件事耿耿于怀。"她的母亲终其一生都在服务他人，最近母亲告诉她："就好像有人在我背上刺着'你必须为每个人服务'这几个字似的。"这可不是托卡想要的生活。

她认为转换文化也许有助于打破这种循环（托卡四岁时移民美国），但她坦言她和伴侣依然为情绪劳动所苦。"我知道我不需要因为他洗碗而感谢他，但我担心我不表示感谢的话，他可能会停止不做。"托卡说，"但我做这些事情时，有人感谢过我吗？"

对多数女性来说，答案几乎是永远不会有人表达感谢。尽管我们与伴侣之间越来越趋向平等，在家务方面，大家对男性和女性的预期仍有很大的差异，即使女性有收入、不是全职妈妈。霍克希尔德在《心灵的整饰》中指出，这种现象是文化不平等的征兆。"在整体而言贬抑女性地位的社会里，一对讲究平等的夫妻在情感交流的基本层面上是不可能平等的。例如，一位女律师的收入及获得的尊重跟丈夫一样多，丈夫也欣然接受这些事实，但她可能还是觉得，她应该感谢丈夫如此开明并在家里平均分摊家务。大家觉得她的要求出奇地高，丈夫的要求出奇地低。广大的两性市场让她的丈夫有机会不做家务，但她没有这种选项。从更广的社会背景来看，她很幸运能有这样的丈夫。而且，当她为不得不对此心存感激而感到愤慨不平时，她也必须压抑那种愤慨感。"[1] 我们能获得帮助已经很幸运了，男人本来就有权不做家务。

我之所以长久以来一直以为情绪劳动是全职妈妈的议题，是因为这种失衡状态发生在全职妈妈的身上时，至少还有文化脉络可循。什么是"女人的工作"（情绪劳动）和什么是"男人的工作"（有偿劳动）都是旧有的父权观念，所以我们很容易以我的传统角色

---

[1] Hochschild, *The Managed Heart*, 85.

是全职妈妈来合理化这种状态（虽然这样做是不对的）。在托卡的家中，则是墨西哥的传统促成了这种观念。然而随着采访的女性越来越多，我发现，"情绪劳动是女性任务"的观念在现代社会中依然普遍。尽管过去几十年来，我们一直鼓励女性追求理想的男性典范，并告诉她们，她们也可以在职场上达到自己渴望的任何状态，但她们并未摆脱回家后依然等着她们完成的情绪劳动。职场为女性提供了各种角色，但并未改变一个事实：无论女性在社会里发展到什么地位，情绪劳动依然紧黏着她们。我们的文化依然不重视这种劳动，依然觉得女性应该料理这些。

职场妈妈和全职妈妈以不同的方式背负着同样的重担。上班时间，她们花钱请人来做这些情绪劳动（通常是托儿服务，有些人可能会花钱请人到家里打扫或做其他家务）。如果你想知道这个社会多么不重视情绪劳动，只要看妈妈不在家时，我们如何填补那些空缺就明白了。那些工作的酬劳都很低，几乎都是由妇女担任，尤其是有色族裔的妇女，这也是这类讨论中常被忽视的关键。金伯莉·西尔斯·阿勒斯（Kimberly Seals Allers）在《Slate》杂志上发表的《重新思考有色族裔女性的工作与生活平衡》（Rethinking Work-Life Balance for Women of Color）一文中指出："从古至今，白人女性一直利用有色族裔女性的劳动，来减轻自己的家庭负担，解放自己，以便投身企业和公职。简言之，非裔、西裔、亚裔美国妇女的劳动，提高了白人妇女的生活水平。所以若要谈工作与生活的平衡，我们就应该明确指出，许多有钱的白人女性是站在有色族裔女性的肩上才达到那种平衡的。"她指出，工作的黑人女性中，近28%从事服务业，那些一直是美国薪水最低的岗位。她

125

也写道："女性政策研究协会的报告指出，该职业群体涵盖范围很广，里面的工作往往缺乏带薪病假之类的重要福利。"[1] 我们谈到"母职的重要工作"时，可能偶尔在口头上支持情绪劳动，但是当母亲从事这些劳动时，我们显然不想为这些实际的劳动支付高薪。我们不重视服务业的劳力，这种轻视反映了美国系统性的种族歧视，但除此之外，那种轻视也明显反映出我们的文化对情绪劳动的态度。

这并不表示职场妈妈就可以免于承担情绪劳动，或过得比较轻松。职场妈妈依然有许多情绪劳动是无法花钱请别人做的，她们必须在下班后继续完成。很多情况下，她们连上班时间也无法稍微摆脱情绪劳动。那重担一直在等着我们扛起，有时甚至由不得你回家再做。万一孩子或伴侣发生了什么事，我们总是随叫随到。我们必须在脑中想着所有的细节，以便随时准备好从事情绪劳动，但当我们随时惦记着那些事情时，难免干扰上班的节奏，也占用了我们的大脑空间。更何况有些职场妈妈跟我当全职妈妈时一样，有同样的完美主义冲动和内疚感，或许她们比我更严重，因为她们没有那么多的时间在家里"做所有的事情"。职场妈妈确实在上班时可以暂时从情绪劳动中抽离，但是那并不表示她们的处境就一定比全职妈妈好。

在外工作的女性对这点再清楚不过了。有趣的是，2012 年《健

---

[1] Kimberly Seals Allers, "Rethinking Work-Life Balance for Women of Color," *Slate*, March 5, 2018, https://slate.com/human-interest/2018/03/for-women-of-color-work-life-balance-is-a-different-kind-of-problem.html.

康与社会行为期刊》发表的一项研究发现①，有全职工作的妈妈其实比兼职或全职妈妈的压力更小，但差别不在于是否有全职工作——有全职工作可以减少一些在家里从事情绪劳动的时间，那种情绪劳动通常是最累人的——但，对于全职男性来说，情况就不同了。那项研究指出，男性在家里比较快乐，但女性上班时比较快乐，原因可能有两方面。男性承担着养家糊口的重担，所以他们在职场上涉及的利害关系较高，家仍是他们的避风港，尤其他们在家里还不需要承担太多的情绪劳动。然而女性回家后通常面临更多的工作，得为夫妻关系及家庭承担情绪劳动。所以，原因不是女性在职场上没有压力，而是女性是家中唯一承担情绪劳动的人。

不仅如此，从来没有人问过男人"能否兼顾一切"，相反，有数百篇文章探讨女人能否兼顾一切。那个问题暗示了一个棘手的事实。我家合格吗？孩子快乐吗？婚姻幸福吗？在尽可能发挥潜力的过程中，我们不仅想在职场上表现得完美，也想在家里成为贤妻良母。我们感受到成为最佳母亲、最佳配偶、最佳职场妈妈的强大外在压力，即使我们知道那些压力正在伤害、打击我们，使我们精疲力竭。

艾米·罗森诺（Amy Rosenow）目前在自己创业的公司里上班，任何创业者都知道，新创事业会占用你所有的时间。她的行程表排得很紧凑、详细，令人望而生畏。她每天早上五点起床，写五分钟的日记，做运动，陪两个女儿，然后跟保姆交接任务，接着忙碌的工作就开始了，包括密集地投入新创事业（其中包括开发

---

① Adrianne Frech and Sarah Damaske, "The Relationship Between Mothers' Work Pathways and Physical and Mental Health," *Journal of Health and Social Behavior* 53, no. 4 (2012): 396-412.

一个 APP，以帮助上班的家长平衡行程安排），或是去经济俱乐部（Economic Club）听奥巴马总统演说。晚上七点保姆下班回家后，她接起家里的第二轮班，开始照顾孩子，检查家庭作业，继续做白天没完成的工作，直到午夜一天才结束。除此之外，她在家里也从事大量的情绪劳动，包括周日为自己和丈夫安排接下来两周的时间表。她负责管理他们的行程安排、旅行规划，她也负责处理每件日常要务，而且这种事情很多，从两个女儿的学校课程表，到需要支付的账单等都包括在内。她知道，这些要处理的事情对于一个人来说实在太多了，但她不知道还有什么替代方案。她的丈夫是脑外科医生，工时很长，工作要求也比较严苛。他总是把所有的情绪劳动托付给艾米来处理，所以艾米得去接孩子，填表格，报名参加各种活动（包括校内活动、露营、运动等）。她也负责规划拼车、三餐、去超市购物、参加学校的家长座谈会、带孩子看医生，等等，不胜枚举。

艾米被问及为何马不停蹄地工作时，她告诉女儿，爸爸妈妈这么努力工作，是为了让她们四处旅行，获得需要的一切以及想要的很多东西。艾米想起大女儿曾对她说："妈，那些旅行确实很有意思，但转眼就结束了，那之后你却要工作很长时间。"这样值得吗？艾米仍未想出这个问题的满意答案。她也明白她的行程安排很疯狂，说她知道自己已经"快疯了"。不过现在她的情绪劳动负担看似还好，因为跟十年前第二个女儿刚出生时相比，现在的生活简直平衡极了。

2008 年经济大衰退来袭时，艾米是一家投资基金的首席运营官。即使在公司里担任管理高层，她依然是家中的主要照护者。工作压力达到新高之际，她的个人生活质量也跌至新低。她的母亲住在千里之外，罹患癌症，生命垂危，需要许多照护，而她得负责安排。尽管她有弟妹，但身为长女，大家认为照顾生病的母亲是她的责任。许多女性也面临同样的状况，不管她们的工作状况如何。美国绝大多数的无偿照护者是女性，无论是照顾孩子，还是照顾年迈的父母（通常是两者兼顾）。女儿担负这个照护角色的概率远高于儿子，不管提供照护涉及多少时间、跋涉多远或牵涉多少困难。① 母亲接受化疗及居家照护的过程中，艾米为弟妹设计了一份照护总表，以便安排母亲的交通和护理，以及医疗预约等。艾米在辛苦工作后，每周会搭机去照顾母亲。安装医疗警报器？那是艾米的任务。预约专家看诊？那也是她的任务。在医院里陪伴母亲？当然也是她来负责。这种情绪压力是我无法想象的，更遑论有孕在身又要照顾一个幼儿，还要兼顾一切情绪劳动。艾米生下第二胎不久，母亲就过世了，所以她必须带着新生儿和年幼的大女儿奔波，以便安排母亲的葬礼。

　　艾米回忆道，2008 年她所面临的情绪劳动达到痛苦的巅峰。她说，那段经历使她对现在的生活充满感激，即便现在的生活依然繁忙，也令人沮丧。"我以前很爱的规划活动，现在已经变成了待办列表上的项目，而不是快乐的源泉了，例如为旅行做准备功课。"② 她的待办清单上随时都有数百项未完成的任务（她可以在自己开发的 APP 上看到所有未完成的事项），即使她的丈夫想帮忙，她也

① Gail G. Hunt and Susan Reinhard, "Caregiving in the U.S.," report for the National Alliance for Caregivingand AARP Public Policy Institute, 2015.
② 2017 年 12 月 7 日接受笔者采访。

不知道该如何分派。她惆怅地说："他没办法兼顾那么多事情。"

艾米显然已经培养出这种同时兼顾许多事情的能力，所以她不需要在职业生涯上妥协。她的丈夫不需要在情绪劳动和事业之间做选择，没有人会要求他为了家庭或更好的平衡而牺牲工作。艾米觉得她甚至无法要求丈夫分担一些家务。她需要肩负起情绪劳动的重担，为他们夫妻俩找到最佳的平衡点，那往往意味着来自家庭、同侪和自我要求的压力大得出奇。如果她不努力开创职业生涯，处理情绪劳动会比较容易吗？答案几乎是肯定的。但为什么她非得在工作和家庭之间取舍呢？为什么只有她需要问："这样做值得吗？"

不是每个人的生活都像艾米那么忙碌，但多数的女性都能理解，牺牲自己去照顾太多人时那种不知所措的感觉。情绪劳动不管是什么形式，主要由女性承担。无论是照顾新生儿还是年迈的父母，社会总是指望女性自动延后职业生涯去照顾周遭的人，让他们感到舒适快乐。先考虑别人的需求，再考虑自己的需求。由于大家普遍抱持"女性必须通过情绪劳动来提供照护"的偏见，这也难怪艾米不想在职业生涯上妥协。我相信她跟许多人一样，已经看到若在职场上妥协，最后往往演变成退出职场，之后再也找不到回归之路了。

2013 年，朱迪丝·沃纳（Judith Warner）在《纽约时报》上发表《选择退出的一代希望重返职场》一文。① 该文在网络上广为流传，

---

① Judith Warner, "The Opt-Out Generation Wants Back In," *New York Times*, August 7, 2013, http://www.nytimes.com/2013/08/11/magazine/the-opt-out-generation-wants-back-in. html?pagewanted%3Dall.

文中提到女性无法重返职场，至少无法以同样的薪酬水准回归职场。她描述了一群女性离开高收入、高名望的工作，回家照顾孩子，几年后她们才意识到这样做的后果。她们离开了重要的工作岗位，离婚后才发现以前的美好工作并没有在等着她们，现在她们已难以自力更生。那些为了母职而改做比较轻松的工作，或是干脆离开职场、把重心放在家庭的女性，为职业生涯付出了很大的代价。选择较少的女性（例如像我以前从事的零售工作没有产假，生产就必须离职），则缺乏弹性的选择。对很多女性来说，她们连在职业生涯上妥协都不行，但放弃情绪劳动也不可行。总要有人担负起情绪劳动，那份工作向来是落在女性肩上。无论女性做什么（不管是在事业上全力以赴，或是在家庭上尽心尽力），女性似乎都面临同样的情绪劳动困境，必须做那种无形又累人的工作，而且永远无法脱身。大家对女性的时间、心神、精力似乎有无尽的要求，而且还要求女性面带微笑，只因为女性"先天"在这方面应该比较在行。但实际上这些事情没有谁"先天"比较擅长，情绪劳动之所以变成女性的责任，是因为几百年来这种社会建构一直未受到管控。这不仅伤害了全职妈妈或职场妈妈，不仅伤害了女性，也伤害了所有人。

"情绪劳动是女性专属领域"这个观念已经根深蒂固，导致男性很难承担起照顾孩子的角色。弗里丹在《第二阶段》中注意到了这个问题：男性开始体验"男性迷思"，渴望拥有女性那种比较丰富的生活体验，却依然遭到排斥，无法充分地投入持家及养儿育女中。弗里丹写道："为了做到真正的取舍，家庭和持家属于'女性世界'、工作（以及政治和战争）属于'男性世界'这种鲜明的区隔必须重新划分。"① 近四十年后的今天，我们仍难为了包容性而重画这些分隔线。我们不仅让大家依然默认女性承担许多的情绪劳动，也导致男性忽视他们可以（也应该）在家中扮演的角色，以至于无法参与讨论。

英国的全职爸爸兼博主约翰·亚当斯（John Adams）认为，只把家务劳动和劳心伤神的事情视为女性议题来讨论，是导致我们在追求平等过程中陷入长期僵局的错误之一。亚当斯在《每日电讯报》上发表《"心理负担"真实存在，但女权主义者如果以为只有女性才深有感触，那就错了》一文。他在文中描述身为全职爸爸需要操心的事情，并主张那是照护问题，而不只是女权主义问题。② 毕竟，他负责做很多无形劳务，包括订购校服、为孩子的生日派对挑选礼物、写电邮给亲戚、安排事情，等等。当我们忽略许多像他那样的男性开始承担的角色时，也强化了"那些事情都是女性任务"的概念，从而筑起了一道屏障，阻止了想要当主要照护者的男性。阻止亚当斯那样的"异数"来参与情绪劳动的讨论是错的，但他之所以是"异数"，是因为男性需要有极大的勇气，需要勇于示弱，才有可能摆脱目前的阳刚模式，之后他们必须以成人的身份从头学习如何从事情绪劳动。我们整个社会并没有积极地鼓励他们扮演这种角色，对那些勇于反对传统的人也几乎没有给予奖励。亚当斯当然会对他承担的情绪劳动隐于无形而失望，毕竟他做的工作那么辛苦，又遭到低估，社会不愿承认那点伤害了所有人。这

---

① Friedan, *The Second Stage*, 111.

② John Adams, "The 'Mental Load' Is Real-but Feminists Are Wrong If They Think Only Women Feel It," *The Telegraph*, June 7, 2017, http://www.telegraph.co.uk/men/fatherhood/mental-load-real-feminists-wrong-think-women-feel/.

不仅是个人问题，也是政治问题。亚当斯说："每次英国举行选举，总会有一些政客开始讨论育儿议题。他们常把那个议题包装成女性议题，但育儿是影响整个家庭的重要议题。"[①]把它塑造成只会影响女性的问题，比较容易在政治上受到忽略，而且男性通常不会参与讨论，这对每个人来说都是坏事。我们对情绪劳动的看法，带有先入为主的文化性别歧视，这会以比较明显的方式伤害女性，尤其在谈论政策的时候。当我们始终无法提供平价的托儿服务时，大多只能靠母亲牺牲自我。然而，这种贬抑情绪劳动的文化对男性也有害。当女性面临追求完美的压力，把情绪劳动发挥到极致时，男性也面临把自我价值投入在工作上的文化压力，这使他们的生活潜力得不到充分的发挥。

安－玛丽·斯劳特（Anne-Marie Slaughter）在著作《未竟之业》（*Unfinished Business*）中指出了这项政策问题，并呼吁发起一场男性运动，以帮助男性（因此也包括女性）真正找到适合每个人的平等。她在书中写道，说男性仍有开拓文化的使命，可能是很另类的主张，但"男性尚未征服的最大世界，是关爱他人的世界"[②]。

文森特·安博（Vincent Ambo）与同性伴侣一起住在挪威，他认同亚当斯的观点，觉得情绪劳动并非异性恋的专属议题。他和男友都是软件工程师，但安博总是在伴侣关系中承担情绪劳动的那个。他说，他天生比较有条理，比较愿意在两人关系中扮演这个角色，但他还是为此感到沮丧，他的伴侣也陷入了许多异性恋

---

① 2017 年 12 月 22 日接受笔者采访。

② Anne-Marie Slaughter, *Unfinished Business: Women Men Work Family* (New York: Random House, 2015), 139.

男性和伴侣一起生活后所产生的习得性无助。

安博说："他会做家务，但他只会为了现在想做的事情而只做最基本的。例如，他需要一个杯子，但碗柜里没有，他会从洗碗机里拿一个杯子，但永远不会顺便把洗碗机里的所有碗盘都拿出来。"当然，如果安博要求他把碗盘从洗碗机里拿出来，他一定会做，但一定要安博先开口要求。安博认为这是他们之间的性格差异，但实际的症结所在可能有更深入的原因。

他认为家庭生活中的情绪劳动并非异性恋专属，这显然毋庸置疑。翠西·班蒂丝（Trish Bendix）曾在《时尚芭莎》上发表一篇文章，谈论她在女同性恋关系中所面临的情绪劳动。她写道："尽管同性伴侣或非传统伴侣颠覆了刻板的性别角色，但我们也常陷入传统的窠臼。我们活在一个父权至上、异性恋主导的社会里，他们决定了伴侣关系该如何运作。即使你和伴侣都是女性或者都是男性，这个问题也不会消失，它只会以不同的特质或细微的差异表现出来。"班蒂丝描写她在家里遇到的挫折，就像我描述我的异性恋关系一样。"女友把餐厅的收据和口香糖包装纸随意扔在桌上，家里到处都是，我看了就生气。而且她从来没问过，那些东西为何在她回家时就神奇消失了。有时她声称我们'总是在做我想做的事情'，因为我是订计划的人，我不订计划的话，就不会有任何计划。听她这样讲，我也很生气。"[1] 显然，不公平的分工在任何关系中都可能发生。不过有趣的是，尽管许多同性伴侣也认

---

[1] Trish Bendix, "I Live with a Woman-We're Not Immune to Emotional Labor", *Harper's Bazaar*, October 9, 2017, http://www.harpersbazaar.com/culture/features/a12779502/emotional-labor-lgbtq-relationships/.

同我在《时尚芭莎》发表的那篇关于情绪劳动的文章，但也有很多同性伴侣并不认同。整体来说，同性伴侣更有可能阅读我或班蒂丝的文章，并开诚布公地讨论以促进改变，或者他们更有可能早就做过类似讨论。多项研究显示，同性或非常规性别远比异性伴侣更容易分担情绪劳动，异性伴侣很容易在不加思索的情况下就陷入父权陷阱。[1] 也许因为同性伴侣或非常规性别已经面临着许多性别规范，重新思考他们在家庭中的角色并不是什么大不了的事。他们认为不该由性别角色来要求一个人承担所有的情绪劳动，所以他们不必挑战自己的身份，就能质疑情绪劳动的失衡。我初次采访安博几个月后又再次跟他联系。他坦言，即使是同性关系，他们重新分配情绪劳动时也会产生摩擦，但那些摩擦远比我以试误法所产生的摩擦要少。当你不需要同时处理困扰异性关系的性别期望时，情绪劳动似乎更容易重新调整。没有人指望安博先天就比较擅长维持居家清洁或替伴侣回复邀请函，他们可以打破一切先入为主的观念，重建平等的基础。

异性恋面临的预期落差，是社会学家所谓"停滞的性别革命"的一部分。职业女性也必须照顾周遭的每个人，因为我们依然误以为情绪劳动是女性身份的必要组成。不管谁是家庭的主要经济支柱，照顾家庭和孩子的男人都算是例外，而非常态，因为我们仍然不觉得男人应该扮演这种角色。诚如奇玛曼达·恩戈兹·阿迪契在《我们都应该是女性主义者》一书中所写的："性别的问题在

---

① Sondra E. Solomon, Esther D. Rothblum, and Kimberly F. Balsam, "Money, Housework, Sex, and Conflict: Same Sex Couples in Civil Unions, Those Not in Civil Unions, and Heterosexual Married Siblings," *Sex Roles* 52 (2005).

于，它规定了我们应该是什么样的，而不是承认我们本来是什么样的。"① 随着越来越多的男性和女性在职业生涯中日益走向五五分的局面，两性在情绪劳动上的不平等，正以前所未有的方式造成伤害。虽然这不是异性恋的专属问题，但这是一个父权问题，我们需要摒弃"谁该承担情绪劳动"的老旧观念，因为答案是所有人都应该承担。以适合每个人先天优势的个人化方式来平衡情绪劳动，就是在开启一扇门，一扇通往最真实、最完整的自我的大门。男性和女性在相同的文化中长大，但不同的角色观念已经牢牢地扎根在意识深处，那种传统的两性角色无法让我们从人类体验中得到应有的满足。我们应该摒弃这种无法让我们一起进步的角色分工，明白这些性别角色不仅伤害了我们的关系，也伤害了我们体验生活的方式。

---

① Chimamanda Ngozi Adichie, *We Should All Be Feminists* (New York: Anchor Books, 2014), 34.

第七章

温暖微笑背后的冷酷现实

凯特琳·玛拉琪丝（Caitlin Mavrakis）是手术全期护理师，她太了解情绪劳动的代价了。她描述自己的职业犹如一种"持续的平衡表演"，一方面要满足医生的时间要求，另一方面又要为病人提供期待中的照护。她告诉我，病人开始讲述他们的"人生故事"时，她会立刻感到疲惫不堪。她知道自己若是跟不上紧凑的时间安排，上司就会训斥她。她哀叹道："你想表现出慈爱、体贴关怀的样子，但你真的没有时间。"现今，她总是面临着遭投诉的威胁。只要她没按照病人的预期，在极其紧凑的时间内完成情绪劳动，就有可能遭到投诉。病人希望护士露出温暖的微笑，让他们宾至如归，当感觉不到这些时，病人便会心生不满。玛拉琪丝的灿烂微笑变成她工作中的一种商品。病人觉得不管他们怎么对待她，他们都有资格看到她的暖心笑容。

她觉得她做的情绪劳动，和霍克希尔德描述的空乘人员深层扮演出奇相似，但更进一步。因为不仅病人期待她们付出情绪劳动，上司也对她们的情绪劳动持高度预期。对护士来说，挨骂是家常便饭，冷酷无情的医生常拿她们当出气筒。她说，在她以前从事的护理工作中，常有人对她大吼大叫，说她是个糟糕的护士。那些言语折磨只是工作的一部分，是意料之中的。她说，听到那些话当然会很想哭，但你不能。遭到言语攻击时，你必须保持镇定，因为接着你还必须硬着头皮为病人服务，同时继续保持镇定。那份工作的要求极其严苛，绝对不能真情流露。玛拉琪丝说："你必须确保每个人都很快乐，即使你自己并不快乐。"

　　例如，某天她被一根用过的针筒刺伤了。她担任洗肾护士时，一名病人突然挣脱，害她不小心被病人用过的针头刺伤。当时她服务的患者里，常有感染 HIV 和其他传染病的患者。被刺伤的当下，她立刻想到，万一感染艾滋病，她可能永远无法生育，婚姻结束，一命呜呼。那一针刺下去可能会毁了她的一生，但是当下她甚至不能擅自离开房间，让自己冷静一分钟。即使面对危机，工作依然优先于她的个人需要。她说，她永远忘不了那名女性患者事后的表情：不是同理心，而是充满矛盾，"那仿佛在说：'那有什么大不了的？继续干活吧！'我只能坐在那里忍住哭泣，心想我完蛋了"。后来她不得不和病人坐在一起四个小时，假装什么事也没发生。她不得不跟病人轻松地交谈，还要记得面带微笑。最后，她花了一些时间清洁伤口，花了约半小时填写表格，之后才获准接受测试，看是否遭到感染。直到那天轮班结束，坐进车里，关上车门，她才终于可以释放压抑已久的恐惧、沮丧和泪水。①

玛拉琪丝说当时她的丈夫难以理解她承受的压力，虽然她偶尔会对他发泄，但大多时候她回到家，吃完晚饭就直接睡觉了。她常在半夜梦到特别麻烦的病人，怀疑自己为他们做得不够多，因此在半夜中惊醒。她说："我感到身心俱疲。"她的情绪几乎没有恢复的空间，工作和生活的界限也很模糊。

霍克希尔德首创"情绪劳动"一词时，她是指空乘人员"商品化"的情绪工作。她不仅考察了这项工作的涵盖范畴，也探究了它最初存在的原因。当然，良好的顾客服务是航空公司用来留住顾客的好方法，但她看到的不仅是对顾客彬彬有礼的态度，还涉及更多的个人领域。空乘人员提供的情绪劳动，是为了帮乘客营造一个宾至如归的空间。她们被塑造成宴会中的招待员，营造出温馨又安心的氛围，以帮助紧张的顾客忘记自己身处于飞机上。她们必须压抑真实自我以扮演空乘人员的角色，保持态度始终非常友善，呈现关怀入微的柔美特质，让人忘记危险或不适感。

这种劳动对空乘人员造成很大的负面影响。有些空乘人员表示，她连在现实生活中都无法收起脸上的微笑，或即使觉得很勉强，却依然不断地展现友好的态度。有些空乘人员认为管理乘客是一种负担，尤其是经常忍受可怕对待的同时，还要持续展现愉悦感。但多数从事这项工作的人都擅长情绪劳动，因为身为女性，她们先天就比较熟悉情绪劳动，在家里及出门在外都需要做这件事。担任空乘人员只是面对一种比较戏剧化的世界，那个舞台要

---

① 2018 年 1 月 26 日接受笔者采访。幸好，玛拉琪丝后来没什么事。

求她们随时为周遭人营造舒适的空间。这些女性擅长需要付出大量情绪劳动的工作，因为她们一直以来受到的训练就是为了从事这种工作，奉献情感以取悦他人。

在霍克希尔德的研究中，空乘人员绝大多数是女性，比例高达86%。2014年，这个数字已有变化，但变化并不意味着比例分配很快就会性别平等：霍克希尔德发表研究三十多年后，仍有逾75%的空乘人员为女性[1]。这个趋势不仅存在于空乘人员岗位上，也存在于一般的服务岗位，尤其是需要做大量的关怀照护及情绪劳动的服务工作。从种族的角度来看这些工作时，我们会看到差异更大：在情绪劳动密集的人员中，有色族裔女性所占的比例更高。

需要以"客服"形式来展现情绪劳动的服务业，对女性来说尤其繁重，因为它们加深了那些互动中的权力不对等。霍克希尔德在研究中指出，男性空乘人员的工作与女性空乘人员有明显差异。虽然男性和女性都在服务业中从事情绪劳动，但我们私下对两性的预期也界定了他们付出的情绪劳动。霍克希尔德解释："女性更经常负责以'亲切的态度'去处理愤怒和挑衅的状况。至于男性，社会则认为他们应该积极对抗那些破坏规矩的人，这种社会观感导致他们必须承担压制害怕及脆弱感这种秘密任务。"[2] 男性习惯维持权威，女性习惯展现顺从。对空乘人员来说，那表示女性常受到更苛刻的对待，而且难以执行规定，因为乘客不把女性视作权威人物，并不尊重女性。服务业的男性不仅自然而然拥

---

[1] Mona Chalabi, "Dear Mona, How Many Flight Attendants Are Men?," FiveThirtyEight, October 3, 2014, https://fivethirtyeight.com/features/dear-mona-how-many-flight-attendants-are-men/.

[2] Hochschild, *The Managed Heart*, 163.

有较高的威信，大家也不会预期他们扮演倾听的关怀者角色，无论是闲聊、谈笑或聆听抱怨。当然，这是他们工作内容的一部分，但大家并未期待男性从事情绪劳动，也不常硬逼他们做。我们通常是找女性提供慰藉，因为她们通常能以卓越的技巧，持续从事预期的情绪工作。在非常需要情绪劳动的地方，女性永远坚守在一线岗位上。

"我之所以受到性工作的吸引，去当脱衣舞娘，原因之一在于那比其他服务工作享有更多的能动性。"曾担任性工作者的自由撰稿人梅丽莎·佩特罗（Melissa Petro）对我这么说。[1] 她采访了大量性工作者，这是那个领域的普遍感受。从事性工作的女性能找到的其他工作（例如服务生或零售业店员等服务业），对员工的要求很严苛，包括工时缺乏弹性、低薪，还要付出情绪劳动。佩特罗表示："在那些工作中，你必须为每个人做情绪劳动，从上司到顾客都需要你那样付出。"一旦拒绝，就可能丢饭碗。"相对地，性工作者则有权决定那样做是否值得。有些顾客实在太麻烦了，我可以不接。但是在其他工作中，由不得你选。"

佩特罗说，虽然她有权决定付出多少情绪劳动就算超标，但性工作主要就是在从事情绪劳动，即使付钱给她的男人并未意识到这点。付费做爱的男性觉得自己有权获得女性的时间和情绪劳动，他们没有意识到其实那等于是付费做心理治疗外加口交服务。佩特罗描述，性工作者在工作上常以同情的心态聆听男人抱怨前女友。"我喜欢跳舞，那部分很快乐。卖淫的体力劳动与无酬的性爱其实没有特别不同，真正累人的是情绪劳动。"

既然性工作主要是情绪劳动，市场上对女性性工作者的需求远比对男性性工作者的需求要高，这不是挺令人意外的吗？在我的家乡内华达州，截至2013年共有十九家妓院，但只有四家合法的牛郎店①。市场对男性性工作者的需求不高的原因，还不是很明朗，但佩特罗认为那可能跟情绪劳动有关（尽管她也指出，女性更容易获得无酬的性爱）。这个假设并不奇怪，由于社会预期女性经常为他人提供情绪劳动，要求性工作者提供情绪劳动可能对女性并没有同样的吸引力。

不过，一家名为男侍（ManServant）的公司则持相反意见。这家总部位于洛杉矶的服务公司不提供性爱服务，但雇用充满魅力的男公关来迎合客户的需求，包括担任护花使者、清洁人员、私人助理，或是倾听客户抱怨分手的心声。那些男性是通过面试精挑细选出来的，然后接受培训以培养情商及预判客户的需求，亦即以情绪劳动作为服务的核心。该公司的共同创办人达拉尔·卡贾（Dalal Khaiah）接受《华盛顿邮报》的采访时坦言，他们的服务是为了让女性从情绪劳动中解脱出来，因为这种事由男性来做时，往往被视为一种沉溺的幻想。卡贾告诉《华盛顿邮报》："我们可以明显看出女性承受的精神负担和情绪劳动，也可以明显看出她们对男侍的需求。女人几乎都明白这点，反而是男性听完后通常

---

① Alison Vekshin, "Brothels in Nevada Suffer as Web Disrupts Oldest Trade," *Bloomberg*, August 28, 2013, https://www.bloomberg.com/news/articles/2013-08-28/brothels-in-nevada-shrivel-as-web-disrupts-oldest-trade.

会追问：'你确定这真的不涉及性爱吗？'"①

　　然而，那种幻想并未实际减轻女性情绪劳动的负担。大家觉得女性花钱请男性提供情绪劳动是一种新奇的行为，由此可见我们离真正的社会平等还很远。男侍的广告设计初衷是为了逗人发笑，因为男人如此认真地为女人做情绪劳动（而且还穿燕尾服）确实是个笑话。② 我想，如果一支广告是由穿着诱人的女侍为一个男人端上一杯饮料或帮他打理壁炉，应该没有这样的效果。在这个场景中，没有权力动态的颠覆，我们熟悉的剧本也未彻底改写。将女性每天做的无偿情绪劳动商品化，既无新意，也无"乐趣"可言。

　　撇开男侍不谈，需要情绪劳动的工作中，很少有不是以女性作为主要劳动力的，这是因为男性在从事情绪劳动时，大家觉得是笑话或例外，而不是预料之中。那不是他们身份的一部分，而且他们也不亏欠这个世界情绪劳动。大家从来不觉得（以后也不会觉得）男性的时间、情感能量、心力是一种公共资源。然而对女性来说，这就是大家对她们的预期。女性的情绪劳动应该是免费的，是女性为周遭人的利益所做的无私奉献。这是我们用来合理化低薪的女性劳动，以及让家中和职场的情绪劳动维持无形、无偿、无人关注的关键。大家认为女性就应该想做这种劳动，觉得那种劳动本质上令人满足，是女性迷思的一部分。然而，我们忽略了"女

<hr>

① Peter Holley, "'What Do Women Want?': A Company That Lets Women Hire Attractive Male Servants Says It Has the Answer," *The Washington Post*, October 11, 2017, https://www.washingtonpost.com/news/innovations/wp/2017/10/10/what-do-women-want-a-company-that-lets-women-hire-attractive-male-servants-says-it-has-the-answer/.
② "Heartbreak ManServant," YouTube, December 7, 2015, https://www.youtube.com/watch?v=d-cFTVNqfLw.

性迷思"并不以现实为样板，而是用来创造社会想要及需要女性变成的样子。这背后的冷酷现实是，我们把文明建立在女性的肩上，当重担压得女性喘不过气来时，大家却视而不见。

在我成长过程中，我亲眼见证了一种工作涉及的情绪劳动有多繁重。母亲从事幼教工作三十多年，在我出生之前，她担任保姆，后来她开始经营家庭托儿服务，并持续至今。她认为自己是幸运的照护者，不仅因为这是她的热情所在，也因为她所住的区域是少数肯为这种专业付出优厚酬劳的地方。她的工作位于北加州一个热门地区，负责照顾一小群幼儿，每年收入七万美元。那份工作令她疲惫，但回报也很丰厚。托儿事业的从业人员却大多没有那么幸运，事实上，他们的收入中位数约是每小时十美元，像我母亲那种家庭托儿服务的收入更少。[1] 我之所以知道得这么清楚，是因为我亲自尝试过。

在以写作为业之前，我决定像妈妈那样，善用我的情绪劳动技能来照顾孩子。我十几岁的时候曾在她的家庭日托中心打过工，我知道如何同时应付多名幼儿，也了解设计幼儿课程的诀窍。后来我取得执照，可以在家中经营小型的托儿服务，于是在照顾我儿子之外，我也在不同的时间照顾四名幼儿。但是我做了不到一年就中止了，就因为薪酬低、工作繁重，再加上我儿子经常生病，导致我必须投入更多的精力。那时医疗费超过了我的收入，到最后我已经找不到持续营业的理由。

---

[1] Bureau of Labor Statistics, *Occupational Outlook Handbook* (Washington, DC: Department of Labor, 2016).

那份工作每天超过十小时，毫无休息，除非所有孩子都在同一时间睡觉（那种情况非常非常罕见）。我照顾幼儿时，运用的技能既先进又多样。我研究了学前标准，以便把学习经验融入孩子的日常活动。甚至在孩子还没学会说话以前，我们就利用积木来学习颜色，从科学角度了解天气，利用麦片圈来学计数。托儿执照要求保姆必修一些健康和安全课程，我除了去上那些必修课程外，一整年下来也上了许多儿童早期发育课程。我迎合那些幼儿的情感需求，设计可行的日常活动，列了一些益智和强身项目以维持日常的顺利运作。然而，每周五十几个小时的托儿工作，却只赚几百美元，比最低工资还少，有几周的时薪甚至只有三美元。要不是我丈夫有全职的工作，我永远也无法养活自己，更别提养活孩子了。

托儿服务不是唯一薪酬低得可怜、使从业人员（女性为主）身陷贫困的照护型劳动。需要情绪劳动和照料，或是跟家庭生活有关的工作（例如女佣和其他的服务人员），大多由女性担任，尤其是有色族裔的女性，而且她们几乎都不受重视。即使我们把社会中一些最重要的工作，如照顾病人、老人和小孩托付给女性，我们仍不像其他国家那样重视这些工作，开出的酬劳少得可怜。事实上，2011 年的一份报告发现，美国教师的工资在二十七个国家中排名第二十二位。[1] 该研究比较了有十五年以上教职经验的教育工作者与其他大学学历工作者的薪资，平均而言，美国教师的收入比同等学力的其他行业工作者低了 60%。在许多国家，教师的

---

① Andreas Schleicher, *Building a High-Quality Teaching Profession: Lessons from Around the World* (OECD Publishing, 2011), http://dx.doi.org/10.1787/9789264113046-en.

薪资与同等学力的其他行业同侪相当，这使得教学不仅是一种热情，也是一种务实的就业选项。在美国，教学就像许多照护型的工作一样，不仅需要情绪劳动的技能，还需要牺牲薪资。

既然我们知道情绪劳动对繁荣经济如此必要，为什么我们不愿为了那些涉及情绪劳动的工作付费呢？一种简化的说法是，关爱他人本来就是女性的任务，一直以来都是如此，从古至今，我们都不重视女性的贡献。我们可能口头上承认女性在家庭领域的工作很重要（主要是谈及母职的时候），但这种情感不能转化为金钱。妇女在经济中满足了照护的需求，就像女性在家庭中所做的一样，因为这很重要，因为女性不做的话，就没有人做了；但这也是因为女性别无选择。女性被迫担任那些角色，主要是出于经济必要，而不是热情。需要付出情绪劳动的工作之所以是女性的工作，不仅是因为女性比较擅长，也是因为女性无法进入其他的行业。当女性有能力转行时，她们通常会转行。而且女性爬得越高时，越有可能把自己的情绪劳动转移给那些工资很低的女性。我们觉得这种劳动没有文化价值，这点从社会底层到高层都很明显，从我们付给托儿服务的低薪，到管理高层对情绪劳动技能的忽视都是如此。

社会对男性技能和特质的重视，一直以来都在女性之上。女性占大多数的工作，通常是经济中最低薪的工作。这并不是说以男性为主的工作（那些与情绪劳动无关的工作）就少有低薪状况。农场、食品服务业、场地维护的工人等也是美国收入最低的群体，而且是以男性为主。但是如果你看收入的另一个极端，那些高薪的工作也是以男性为主，没有一个高薪岗位是以女性为主或情绪劳动密集型的。女性为主或情绪劳动密集的行业，甚至连高薪的边都够不上。在家庭、职场、文化领域中，大家在有意及无意间觉得，女性的工作和技能没那么重要。事实上，连最近的女权著作《向前一步》也建议女性，先配合男性对理想工作者所抱持的标准去调整，等达到一个转折点时，再做出改变。现实要是那么简单就好了！由于女性的工作要求女性付出许多情绪劳动，又不重视那些技能，那个转折点根本遥不可及，我们的曾孙辈能看到那样的平等就已经很幸运了。我们的社会对女性的情绪劳动技能不感兴趣，人们只觉得那是让大家感到舒适快乐的技能而已，不觉得那有什么价值。

布里安娜·波普莱博士（Breanna Boppre）决定把"争取监狱改革"作为学术研究及职业生涯发展的方向，并把重点摆在性别和种族上，她知道这是很艰巨的任务。她之所以决定这样做，是受到她父亲的启发。她年幼的时候，父亲因毒品相关指控而入狱服刑。去监狱探视父亲使她了解到监禁制度的问题，如今她正努力反抗那些制度，例如惩罚性的犯罪政策、缺乏改造计划等。不过，波普莱博士的研究有一个更具体的关注点：监狱中种族、阶级、性别的交叉，或者更简单地说就是，为什么黑人女性遭到监禁的概率较高？这些问题很难解决。在充满缺陷的制度中推动改造计划及揭露种族歧视现象是一场艰苦的奋战，但是对波普莱博士来说，这份工作很有成就感。她说，研究过程中遇到的女性对她产生了深远影响，这也让她更加相信，她做这些事情是重要且必要的。为了写论文，她对俄勒冈州西北部一群获得缓刑和假释的妇女，进行了半结构式的采访及小组讨论，这群妇女由多元种族所组成（包括有色族裔及白人）。她们的故事显示了权力、特权、边缘化如何通过种族和性别的交叉，影响了刑事司法的结果。因此，她们的经历不仅受到个人环境的影响，也受到社会环境的广泛影响。她们的故事不是为了佐证一个简洁扼要的论点，而是为了拓展她的视野，帮她理解及描述司法结果中的种族差异。这类研究的最终目的，是要让大家知道惩罚性的犯罪控制政策对妇女及其家庭产生的意外后果。

波普莱博士是通过跨领域的女权视角来研究种族和性别差异的。这是一个全新的研究领域，但实际的进展速度远不如她的预期。原因不在于此前没有类似的研究，而是因为不被学界承认。波普莱博士指出："大家重视的是传统的那种男性化、量化的研究方法。"[①] 学术期刊想要的是比较数据，而不是实际体验的博览。一般认为她那个研究领域所做的定性研究（以广泛及相互关联的视角，来剖析刑事司法系统中有色族裔女性所面临的问题）是软性的，比较没有价值。波普莱博士甚至因此面临着职业生涯挫折，因为她使用定性研究而被顶尖学术期刊拒之门外，那些期刊拒绝刊登采用那种方法的研究。学术研究和照护导向的研究是泾渭分明的，至少在目前男性为主的学术界是如此。

然而，波普莱博士采用传统的女性化研究方法（我会说那是"情绪劳动导向"的研究方法），并不是她在学术界面临的唯一障碍。学术界是彻头彻尾的老男人俱乐部，她已经目睹了女性在一个男性占多数的领域中必须付出的情绪劳动。她回忆起她攻读博士学

---

① 2018 年 6 月 30 日接受笔者采访。

位之初发生的一件事，学术界预期她应该对男教授展现尊重，但她偏偏提出疑问，结果整个学期，教授都拒绝跟她说话，而且毫无理由地调低她的分数。更糟的是，当时那位教授是博士课程的负责人，她若要留在那个领域，崭露头角的机会将会受阻，因为她并未付出大家期望的情绪劳动。

尽管当代女性不像20世纪50年代的女性那样会面临"你不准做这份工作"的规定，但现今男性同侪仍握有许多削弱女性专业工作的潜藏手法。目前终身职位的授予，大多是由年龄较大的白人男性决定的。这种权力格局使许多女性在学术界处于不利的地位。女性不仅在互动过程中必须从事情绪劳动，为了安抚系所里的大佬，他们还必须压抑反对意见或质疑，甚至还得担负起高强度情绪劳动的任务。那些任务不仅对研究毫无帮助，还会耽误研究的进行。波普莱博士指出，女性助理教授被要求担任委员会主席的情况并不罕见，那些任务剥夺了她们宝贵的研究时间，耽误了她们取得终身职位。她最常看到该体制对女教师提出担任班导的要求。负责照顾数千名学生的任务几乎都由女教师负责，因为大家觉得那个职位很适合擅长情绪劳动的人。女性想拒绝是不可能的，或至少是不明智的，即使接下那些任务有碍于专业晋升。在这种权力体系中，她们无法选择只做她们想做的工作。

这种问题不只出现在学术界。尽管女性在职场地位上已经大有进步，在许多领域中打破了玻璃天花板，但专业领域的上位者大多仍为男性。2014年，在标准普尔500指数（S&P 500）企业中，高层领导的前五大职位里，女性仅占14.2%。至于最顶端呢？在那五百家企业中，仅二十四位总裁是女性。问题不在于女性无法到达顶端，而是连接近领导高层的职位都很少看到女性的踪影。如果等着晋升管理高层的候选人才库中没有女性，女性几乎不可能升迁到高层，部分原因在于男性默认女性在那个领域中应付出很多情绪劳动。女性受到一套不同标准的评判，那套标准不仅要求专业，还要求传统定义中的女性特质。女性为了顾及周遭人的感受，说话不能像男性那样直截了当，也不能毫无保留地表达个人观点。那些想和她们交流想法的人占用了她们的宝贵时间，而且这种礼貌性的交流永远得不到回报。大家期望她们为集体着想，占她们的便宜，使她们无暇为进一步打破玻璃天花板而去做想做及必要的事情。在专业环境中，女性必须博取男性同侪和老板的青睐，以一种她们非常熟悉的方式来拿捏情绪劳动的分寸，以免伤及任何人的自尊。提出任何要求时，都应该顾及男性的反应。你的决定必须做到无可非议，不让任何人怀疑那决定可能受到"女性伎俩"的影响。你的举止应该刚中带柔，以免被贴上"令人不快"或"尖锐刺耳"的标签。

　　1974年出版的一本法务秘书手册建议，即使承受很大压力或与老板相处不愉快，女性仍应表现出愉悦。"较多高阶管理者雇用秘书是看上了其令人愉悦的性情，而不是漂亮的外表。诚如其中一位所言：'我需要的秘书是，即使我发脾气、工作堆积如山、其他一切都出了问题，但她依然开朗。'"① 即使现在女性的职场角色不再局限于秘书，但大家依然普遍认为，女性遇到男性粗暴无礼时仍应和颜悦色，展现"女性特质"。不管那个男人是你的老板还

---

① Robert B. Krogfoss, ed., *Manual for the Legal Secretarial Profession*, 2nd ed. (St. Paul, MN: West Publishing, 1974), 601.

202＿ 年情绪劳动承担比例摸底考试

自测试卷（家庭版）

注意事项：
本试卷为摸底考试，考察你对家庭内的责任分工，是觉得满意、还好，还是已经受够了？
请考生务必严肃对待，如实答题。
本试卷满分为36分，考试时间为5分钟。
本试卷共12道题，前10题为必做题，11-12为选做题，每题只能选择一个选项。

① **你要求伴侣负责某项事务时，例如修理抽油烟机，清理下水道，Ta 会：**
A. 比对不同公司的评价与价格，预约时间，并把约好的时间加入家庭日程表
B. 快速搜索，预约第一个看起来还不错的服务
C. 拖到最后一分钟，最后 Ta 干脆自己动手

② **谁负责购买日用品、汽车检修、朋友聚餐等事项？**
A. 看情况，有些事情我会处理，其余的事情 Ta 会处理
B. 我，我来安排谁负责，或者直接请他帮忙
C. 我，这比开口求助简单多了

③ **你会经常要求伴侣做家务吗？**
A. 从来没有！我们家务分工明确，不用要求
B. 偶尔，Ta 通常会帮忙，但偶尔需要稍微哄一下
C. 经常，我经常要求

④ **请伴侣做家务时，你一般会怎么做？**
A. 一般不用我开口，我们在家里有各自的分工，一切事情都有人负责打理
B. 我直接要求，但会时刻盯着，担心 Ta 做不好
C. 我必须经常要求，但要注意语气，不能面有不悦或唠叨

⑤ **你向伴侣求助，如果 Ta 回答，"你随时吩咐就行"，这句话听起来感觉：**
A. 很陌生，我从来不用开口，Ta 会主动帮忙
B. 很熟悉，Ta 很乐意帮忙；Ta 也喜欢说，只要我开口，Ta 随时都可以搭把手
C. 令人沮丧，我真希望我不用次次都开口

⑥ **你要求伴侣吸地／拖地时，Ta 通常会作何反应？**
A. 好！我现在去做
B. 好！等会儿，等会儿就做
C. 要是拖不干净别赖我啊

答案（无）解析

(12—20分：受够了。)

_____

_____

_____

_____

试着观察
一下自己，
然后在对应位置
填上吧！

(21—29 分：还好。)

_____

_____

_____

_____

(30—36 分：满意。)

_____

_____

_____

_____

_____

⑦ **出门或回家的时候，你在电梯里遇到了不太熟悉的同事或邻居，你的反应是：**
A. 和Ta聊聊天，我觉得这没有什么
B. 出于礼貌和Ta打个招呼，看情况聊几句
C. 好尴尬，还是不要说话了吧，微笑就好

⑧ **讨论某个问题时，如果你的想法和别人不一样，你会：**
A. 直言不讳，并不介意和对方争论
B. 说出自己的观点，但并不坚持
C. 非常担心伤害到他人，发言会字斟句酌，或者根本不发表意见

⑨ **如果听到别人说你"太强势"或者"太情绪化"，你会：**
A. 当场反驳，表明自己的态度
B. 不予理睬，装作没有听见
C. 在之后的相处中下意识控制脾气，希望能改善形象

⑩ **你正和朋友聊天，有其他人非要和你们搭讪，这时你会：**
A. 直接告诉对方你们不想和Ta说话
B. 马上委婉地找个借口离开
C. 礼貌地和Ta聊一会儿，直到Ta自己走开或者你能找到借口离开

⑪ **朋友或同事聚会时，你的角色一般是：**
A. 玩得开心就好，不用操心其他事
B. 偶尔会做一些组织安排等杂事，但不是主要负责人
C. 主持聚会、找话题活跃气氛、安排活动，一向是我的任务

⑫ **在餐馆吃饭时，如果你发现菜里有头发或其他卫生问题，你会：**
A. 立马呼叫服务员，大声要求赔偿
B. 立马呼叫服务员，小声要求换菜
C. 停止吃那道菜并把它推到旁边，然后当作什么也没发生

评分标准：A=3分；B=2分；C=1分。

你的得分：☐☐

202＿ 年情绪劳动承担比例摸底考试

自测试卷（非家庭版）

注意事项：
本试卷为摸底考试，考察你对家庭之外的情绪劳动分工，是觉得满意、还好，还是已经受够了？
请考生务必严肃对待，如实答题。
本试卷满分为36分，考试时间为5分钟。
本试卷共12道题，每题只能选择一个选项。

① **对你来说，在外保持微笑和轻声细语：**
A. 发自真心，我一直都是这么做的
B. 不太注意这些，把工作等事情完成了就行
C. 我并不是很喜欢，但我知道自己必须这么做

② **你认为，职场中的人际关系处理：**
A. 是工作内容的一部分，对我来说并不困难
B. 有时会让我感觉不适，但可以接受
C. 令人非常疲惫，每天上班都觉得心很累

③ **如果同事交给你的方案出现了很多问题，你会：**
A. 直接指出，不太在意自己的态度和同事的反应
B. 尽量控制自己的脾气，温和地指出问题
C. 自己默默改掉，起冲突就不好了

④ **你认为，展现工作能力和讨人喜欢相比：**
A. 能力第一，我不需要讨人喜欢
B. 讨人喜欢也很重要，但是展现能力是第一位的
C. 我更希望自己能讨人喜欢，不介意低调一点

⑤ **在公司，开会时倒水、提前打开投影仪，张罗团建等一般由谁负责？**
A. 确实有人在做，但不是我
B. 谁方便谁来做，并不固定，我有时候也会做
C. 我经常负责这类事情，已经习惯了

⑥ **在公司，别人对你情绪劳动的期待让你感觉：**
A. 很轻松，同事对我没有过高的预期
B. 我已经习惯了，这在我的承受范围之内
C. 压力很大，我付出的情绪劳动不是理所当然的

是同事，社会预期女性应该冷静地迎合男性的情绪，因为那是女性应有的特质。

霍克希尔德在《心灵的整饰》中指出，当男性和女性都从事情绪劳动时，两性也总是存在着失衡现象。"身份地位越高，就越有资格获得奖励（包括情绪上的奖励），也有更多强制要求奖励的方法。女性的恭顺——鼓励的微笑，专注的倾听，认同的笑声，肯定、赞赏或关心的评论——开始变得看似平常，甚至融入个性，而不是下位者常在交流中免不了要展现的行为。"① 从男性的角度来看，女性所做的情绪劳动似乎是她们天生就会做的事情，而不是迫不得已。那种明显失衡男性没有察觉到，但女性觉得昭然若揭，她们必须费尽千辛万苦，在"领导特质"以及让她们继续穿梭职场的"恭顺尊重"之间完美拿捏。那些付出都是看不见的。为了向上爬，她们必须如此。

即便今天，拒绝为男同事做情绪劳动也是不可能的。当女性不太在意自己的言行举止和语气对周遭人的影响时，很快就会被贴上"贱人"或"专横"的标签。一旦给人留下不讨喜的印象，你就无法翻身了。只要男人不想跟你共事——而且男人在办公室里有很大的影响力——不管你多有资格担任某项职务，你都得不到。尽管不分男女都需要先讨人喜欢才能获得升迁，但咄咄逼人、不讲情理的男人较少被人贴上"专横"或"控制狂"之类的标签，他们往往会成为大家眼中的强势、注重细节的领导者。但是对女性来说，想在职场上升迁，情绪劳动仍是一种必要之恶。然而，为了做情绪劳动，专业女性必须把明明可以用来工作的宝贵时间，拿去迎

① Hochschild, *The Managed Heart*, 84.

合周边的人。

　　这种取悦他人的压力，是职场女性的两难。你需要讨人喜欢才能晋升，但讨人喜欢往往意味着你需要自我贬低到自我轻贱的地步。大家对女性从事情绪劳动的预期，阻碍了女性在领导岗位上行使权力，或阻碍了她们在不顾他人感受下完成工作。等到女性在事业上闯出一片天时，大家几乎马上质疑她们的讨喜程度。桑德伯格在《向前一步》中写道，她亲眼看见了这种对讨喜度充满性别歧视的评语："每次有女性在工作上表现杰出，男性和女性同事都会说，她可能真的很厉害，但就是'人缘不好'。她可能'太强势''不好合作''喜欢耍点权谋，玩点心机''不受信任'或'很难搞'。至少这些形容词都曾经出现在我身上，我认识的资深女性管理者也几乎都被这样说过。"[1] 一般认为，一个女人若是成功了，就是因为她没有投入必要的情绪劳动，所以是自私的或难以与之共事。大家要求女性在职场上付出的情绪劳动，导致女性难以出头，至少不像特质相似的男性那样讨人喜欢。

　　想在职场上晋升，你不可能让周遭的每个人都感到舒适和快乐。这是女性在职场中卡在某个职级、难以升迁的原因。尽管很多书籍致力探讨如何突破职级，攀登职业生涯的阶梯，但多数方法归根结底，都是建议你先跟着"男性标准"调整，直到你有能力重新定义标准为止。然而，这种建议掩盖了女性在职场上面对的情绪劳动要求。社会告诉我们，女性可以在这个以男性标准为准则的世界里成功，但仍要求女性付出情绪劳动。没错，成功是有可能的，但你非得费尽千辛万苦不可吗？

---

① Sandberg, *Lean In*, 41.

第八章

太情绪化而无法领导？

1992 年克林顿竞选总统期间，大家一再把焦点转向一个同样困扰美国人民及其对手的议题：他的妻子。希拉里早在认识克林顿以前就已经是一位职业女性了，在克林顿担任公职后，她并未放弃事业，而是继续全力经营自己的律师事务所，持续追求专业成就，不愿当第一夫人那种拘泥于仪式的角色。在一次特别令人郁闷的选举辩论中，州长杰里·布朗（Jerry Brown）花大部分时间，指控克林顿私下把一些有利的案子送给希拉里的事务所。辩论结束后，希拉里做出反击，因为她已经受够了。

"我想，我大可待在家里烤饼干、喝茶，但我决定在事业上冲刺，而且我在丈夫从事公职以前就已经进入职场了。"[1]

---

[1] Michael Kruse, "The TV Interview That Haunts Hillary Clinton," *Politico Magazine*, September 23, 2016, https://www.politico.com/magazine/story/2016/09/hillary-clinton-2016-60-minutes-1992-214275.

她如此回应的语境并不重要，因为这不是大家想听的答案。这番话一出口，希拉里后来不得不花好几周的时间灭火，以挽救那番话所造成的伤害，解释她的立场，让大家明白她也非常尊重全职妈妈。尽管如此，愤怒的信件依然像雪片般涌向《时代》杂志，其中包括新泽西州的选民琼·康纳顿(June Connerton)。她写道："即使我曾经想要投票支持克林顿，但他老婆的说法实在有够贱，已经扼杀了我投票的念头。"[①] 后来希拉里到底花了多少功夫才平息众怒呢？她答应和前第一夫人芭芭拉进行一场烘焙比赛，并把过程刊登在《家庭天地》(*Family Circle*) 杂志上。她烤的巧克力片燕麦饼干赢了比赛，克林顿连任成功，但大家一直没忘记她曾说过那番话。

多年来，那番引发众怒的说法一直跟随着希拉里。从她丈夫1992 年竞选总统，到 2016 年她自己竞选总统，那段话始终紧跟着她不放。2016 年，她的饼干食谱再次登上《家庭天地》的烘焙大赛，就像多年前一样，但这次的标题是"希拉里的家庭食谱"，因为这次她不是以第一夫人的身份现身。如今，她的职业生涯（已发展数十年）以及性格依然令美国人担忧。大家觉得她野心太大，太理直气壮。她决心照着自己的方式过日子，这使很多人深感不安。一直以来，她为了平复这种不安而付出的情绪劳动始终不够，未来也永远不会够。

对女性来说，政治一直是很棘手的竞技场。她们必须克服因性别而让人觉得她们不适合担任领导人的刻板印象，同时也必须刻

---

① Daniel White, "A Brief History of the Clinton Family's Chocolate-Chip Cookies," *Time*, August 19, 2016, http://time.com/4459173/hillary-bill-clinton-cookies-history/.

意展现女性特质,好让选民持续感到放心和快乐。就很多方面来说,竞选公职简直是一场人气竞赛。你不能为了政策而忽略了讨喜度,尤其当你以女性身份身处在一个男性为主的世界中时。女性在领导阶层中爬得越高,需要付出的情绪劳动越多。当你抵达最高层时(就像 2016 年希拉里竞选总统那样),那些要求已经多到不可思议。到了那个节点,你必须选择如何从事情绪劳动,好让自已尽可能处于最佳位置。这里不得不再次强调:要想晋升到顶端,你不可能让周遭的每个人都感到舒适快乐。

希拉里决定竞选总统时,已经有很多人感到不满了。有人说她不够女性化(她只穿裤装,甚至没有装扮让我们品头论足一番!);说她冷漠、精于算计;说她太有主见,说她不"平易近人"。但另一方面,2008 年新罕布什尔州初选之前,她的差点掉泪也遭到过批评。一些不懂六十九岁女性生理结构的政治名嘴质疑,她那不可预知的荷尔蒙系统是否有碍其领导力。总之,她太接近男性标准了,令人不安;但她又太女性化了,无法成为美国的领导人。在这种动辄得咎的情况下,她能走到今天,可见其政治才能不同凡响。

希拉里的整个职业生涯发展,有赖于她从事情绪劳动的能力。她努力成为坚强、精明的政治领袖时,必须比对手更努力地展现温和、讨喜的特质,当然更不能给人泼妇的印象。竞选总统失败后,她坦言:"也许我过度学习了如何保持冷静,例如咬紧牙关,把指甲压进紧握的拳头中,一直面带微笑,一心只想向世界展现一张镇静的脸孔。"[1] 然而我们不禁要问,她还有其他选择吗?她的男性对手没必要那样战战兢兢地管理媒体及潜在选民的高度预

① Clinton, *What Happened*, 136-37.

期。和希拉里同圈子的男性政客，可以像我家两岁小孩一样发脾气，也没有人会苛责。相反地，政坛的女性从来没有那种选择，尤其像希拉里那样有权势的女性更没有。她必须以多种方式包装其政治抱负，掩藏任何怨恨的情绪，无视明显的性别歧视，甚至以新晋参议员的身份帮资深的男性参议员倒咖啡。[1] 即使是那些不认同其政治立场的人也不能否认，面对如此明显的双重标准，她出色地平衡了大家的种种预期。

我们无法假装大家对两性的预期差异不明显。事实上，1979年《纽约时报》的调查发现，所有的受访者都能察觉到政治对两性有双重标准。纽约州韦尔斯学院的校长弗朗西丝·法伦索尔德（Frances Farenthold）描述过一种情况，她的描述仿佛是充满先见的预言："身为政坛女性，你要确保自己不乱发脾气。基辛格则可以为所欲为。大家还记得他在萨尔茨堡的表现吗？但是对女性来说，如果你不能控制情绪，就会被贴上情绪化、不稳定的标签，以及所有常用来污名化女性的词汇。"[2] 法伦索尔德描述的情境，是基辛格在奥地利的萨尔茨堡召开记者会，扬言辞去国务卿一职，作为对外界指控他涉及窃听计划的回应。相较于2016年总统大选期间大家司空见惯的场景，基辛格面临的情境似乎没什么大不了。不过惊人的是，大家对两性在情绪管理上的预期依然存在明显的双标，如今四十多年过去了，改变仍不够。

---

[1] Joshua Green, "Take Two: Hillary's Choice," *The Atlantic*, November 2006, https://www.theatlantic.com/magazine/archive/2006/11/take-two-hillarys-choice/305292/.
[2] Leslie Bennetts, "On Aggression in Politics: Are Women Judged by a Double Standard?," *New York Times*, February 12, 1979, https://www.nytimes.com/1979/02/12/archives/on-aggression-in-politics-are-women-judged-by-a-double-standard-one.html.

希拉里在大选后出版的《何以致败》一书中谈到，她一方面必须在大众面前付出情绪劳动，另一方面又必须在竞选过程中展现出抱负、强硬，在两者之间平衡对她来说是一场苦战。她似乎永远抓不到使人放心的中庸之道。她上台演讲时，没有给人温馨自在的感觉，没有化身为令人愉悦的女主人，努力让每个人感到舒适快乐。当然，其他候选人也没有那样做，但他们没有那样做的义务。那些跟她同台竞选的男性对手，不受同样的情绪劳动所束缚。他们不需要战战兢兢地拿捏分寸，努力地讨选民欢心，他们可以随心所欲地忽略或打破那些限制。

众所皆知，希拉里的竞选活动常引人诟病的一大问题是"讨喜度"。她与候选人川普进行某场关键辩论之前，多家新闻媒体的名嘴都指出"笑容可掬"有多重要。但辩论之后，《大西洋月刊》(Atlantic)的编辑戴维·弗伦（David Frum）批评她："笑得像在孙女的生日派对上一样。"即便是最细微的动作，希拉里也是动辄得咎。[1]

她在书中提到，大家对政坛的男性暴露及掩饰情绪所设的门槛很低，字里行间难掩其失望之情。男性候选人可以大吼大叫，展现"热情"及多变的性情，说那是他们致力投身政治的象征，身处同等地位的女性若是做出相同的表现，只会遭到猛烈抨击，她们声音稍微高一些，就会被贴上"泼妇"的标签——美国对音色尖厉的女性很有意见。坚定自信原本是一种领导特质，但是换成女性上台时，那突然又变成了情绪不稳的象征。有人说希拉里展

---

[1] David Frum (@davidfrum), Twitter post, September 26, 2016, https://twitter.com/davidfrum/status/780580701422755840.

现的沉着镇定看来有所保留，似乎瞻前顾后。对于这种说法，希拉里在书中解释："我说话之前会先三思，不是想到什么就脱口而出……但这样做有什么不对吗？难道我们不希望参议员和国务卿，尤其是我们的总统，审慎发言，重视言语的影响力吗？"[①]

诚如前述，她所描述的情况并非竞选活动中所独有。女性善于控制自己的言语，开口前先三思，这是一种保护自己、确保和睦的方式。许多男性也擅长这个领域的情绪劳动，虽然他们并未被同等要求，但这是可以轻易磨炼及善加利用的技巧。懂得说话前先三思，以便管控周遭人情绪的男性，做起事来往往有条不紊，小心谨慎。希拉里所描述的那种镇定，如果不从评判女性的观点来看，很可能是一种优势，奥巴马就是很好的例子。

奥巴马总统是个非常镇定的领导人，说起话来总是非常小心谨慎。他似乎很了解他的言语分量，所以用字遣词特别留心。他讲话时会适时停顿，但大家不会因此批评他冷酷、精于算计。他偶尔会不禁落泪，但大家不会因此批评他情绪化、感情用事。他可以毫不掩饰地展现关怀，不必受到同样的仔细审视。他首度竞选总统的对手约翰·麦凯恩（John McCain）也是如此，他的审慎言辞和政治举动依然获得两党人士的尊重。我们喜欢沉着的男人，却不信任沉着的女人。

管理周遭人的情绪，并不是竞选活动中唯一的情绪劳动。事实上，希拉里在《何以致败》一书中花了很多篇幅谈论她在2016年总统竞选期间，不仅在公共场合需要投入情绪劳动，连在私下与家人、朋友、工作人员相处时也是如此。即使你是在竞选美国总统，

① Clinton, *What Happened*, 122.

你还是得关心所有细节，以及受到那些细节影响的人。"我确保每个人都吃饱了。如果我们是在烈日下进行活动，我也会确保工作人员都擦了防晒。与我们一起出国的记者生病或受伤，我会送他们姜汁汽水和苏打饼干，并请国务院的医生带着抗生素、止吐的药物去旅馆房间看他们。"[1] 虽然她坦承，在情绪劳动方面，她有很多事情是花钱请人帮助解决（例如，几十年来，她已经不需要因为家里牛奶喝光而匆匆跑去超市），但她仍是家里负责情绪劳动的人。"我负责安排探亲、度假、与朋友共进晚餐等行程。比尔有许多优点，但管好家里的后勤细节不是他的强项。"[2]

希拉里显然对女性承受不公平的情绪劳动要求感到遗憾，但她跟多数女性一样，深知这类劳动的价值。她看到女性负责选民服务、打电话、写信、组织研讨会、协调任务。"我们不仅操心家务，也操心国事。"[3] 现在是我们开始把那些心力视为重要特质的时候了，女性不是只会操心，我们更懂得关怀入微。

情绪劳动的价值，以及我们为了让周遭人感到舒适快乐的技能，不仅在家里或在照护角色上有价值，在商业谈判、国家政治、家庭关系中，女性视角对细节及大局的关心和关注更是宝贵。在各个层面善用情绪劳动的技巧，是有百利无一害的事。懂得关怀的领导者是贤明的领袖，他们的团队、子民、同侪会更有动力为他们效劳。他们不只关心小我，也关心大我，才能成为大家的榜样。他们的解题方式更为全面，也更符合大局。我们应该期望社会顶

---

① Clinton, *What Happened*, 134.

② Clinton, *What Happened*, 133.

③ Clinton, *What Happened*, 134.

层的人更深入关怀下面各层级的舒适与幸福，让所有人一起迈向更美好的未来。

女性在情绪劳动上的经验，使她们特别擅长解决问题。女性从小受到的训练是，随时观察所有正在进行的事项，然后仔细思考对自己及周遭人最有利的选择。这种技能可以直接套用在商业上，女性这种相互联结的思维方式可以细探怎样做最好，又可以让所有的人开心。

事实上，2016 年彼得森国际经济研究所的研究发现，管理高层的性别多样性增加时，可使利润增长 15%。① 公司把女性排除在管理层外时，也损及了自身的净利润，这不仅是因为它们放着全球的半数人才不用，也因为女性有截然不同的视角，可为企业增添具体的价值。然而，尽管女性董事与更高获利之间存在着上述关联，受访的两万一千九百八十家公司中，有近六成的公司董事会里没有女性董事，超过半数的公司没有女性高管。获利增幅最大的公司，是那些管理高层有较多女性的公司；获利增幅排第二的公司，是董事会里有女性的公司。此外，该研究也发现，女性执行官对公司的整体业绩几乎没有影响，这个结果凸显出增加高层中女性比例的重要性，而不是只把单一女性放在最高层。

不过，那些只身孤影待在管理层的女性，也不是毫无正面影响。2012 年《哈佛商业评论》的调查发现，尽管女性领导者有如凤毛麟角，但是在定义领导楷模的各项中，她们几乎每项得分都

---

① Marcus Noland, Tyler Moran, and Barbara Kotschwar, "Is Gender Diversity Profitable? Evidence from a Global Survey," Peterson Institute for International Economics Working Paper Series, February 2016, https://piie.com/publications/wp/wp16-3.pdf.

高于男性领导者。例如，在与"培养"有关的每项领导特质中（例如打造团队，激励、培养他人，协作和团队合作），她们一如预期得分较高。她们在其他领域的得分也高，例如积极主动、追求结果、善于沟通和解决问题。[①] 只要想想女性私下做的情绪劳动，就会觉得她们具备这些技能根本不足为奇。在生活中，女性不得不擅长交派任务，像是通过仔细的沟通，及时注意并有效地解决家里的问题。我们必须随时掌握生活的现状：如果你不主动规划假期、为孩子报名夏令营或决定家中每周菜单的话，谁做呢？女性很擅长解决问题，打造完善的组织系统，好让全家人即使行程安排各不相同，甚至时间冲突，也可以过得很平顺。女性培养人际关系，花时间和精力让周遭的人感到舒适快乐。女性以最高的标准要求自己，在追求"兼顾一切"的同时，也在职场和家庭中努力追求超乎预期的结果。

然而值得注意的是，男性和女性领导人的差距很小，例如在女性得分较高的项目中，"积极主动"排在前面，女性得分约比男性高出8%，但绝大多数的领导特质中，女性得分比男性高出2%至6%。我觉得这些结果不见得就表示女性一定比男性更擅长领导工作，或女性做事的方式一定是最好的新方法，然而它确实显示，男性和女性所带来的技能价值大致上是对等的，所以当我们把女性排除在领导层外，或要求她们配合男性标准来调整自己以便在专业上崭露头角时，我们并未善用女性的潜在价值。我们应该开始重视那些与女性的情绪劳动经历密切相关的技能，并把那些技

---

① Jack Zenger and Joseph Folkman, "Are Women Better Leaders Than Men?," *Harvard Business Review*, March 15, 2012, https://hbr.org/2012/03/a-study-in-leadership-women-do.

能看得跟男性的技能一样重要，以便在全球经济和文化领域中获得更大的成效。我们必须让女性运用这些技能来追求最高的目标，而不是只用来维持办公室的愉快和舒适。这一切应该从肯定情绪劳动技能是一种领导特质开始。

在家庭生活中，大家觉得父亲和丈夫付出情绪劳动是一种进步，女性做同样的事情却只是尽本分。有些特质也是如此，在男女身上有不同的评价，尤其是在领导角色上。事实上，在男性领导者身上获得赞赏的特质，一放到女性领导者身上，往往会产生负面的色彩。大家觉得善用情绪劳动的男人是体贴入微、充满关怀、有条有理、懂得团队合作的，但觉得从事情绪劳动的女性爱唠叨、控制欲强、完美主义、杞人忧天、逆来顺受。男女面临的任务可能一样，采用的方法可能也一样，但大家看待他们时的性别角度不同，因此产生了不平等的观感。

2003 年，哥伦比亚商学院做了一项实验，以衡量学生对领导力的观感是否因性别而异。研究人员让学生看一个真实企业家海蒂·罗伊森（Heidi Roizen）的案例。海蒂是成功的创投人，她善用外向的性格及庞大的个人与专业人脉，在创投业里闯出了一片天。不过在实验中，一半学生阅读的案例使用了不同的名字：霍华德（Howard）。接着，研究人员采访学生对海蒂／霍华德的第一印象。学生都很佩服海蒂和霍华德的成就，但是他们对两人的看法则有差异。霍华德深受喜爱，但海蒂正好相反，大家觉得她很自私、没什么人缘。[1] 男性可以在不得罪他人的同时达到事业巅峰，因为他们的成就是自己的。然而大家默认女性应该为集体努力，应该迎合周遭的人，不能只为自己的成就努力。所以，女性晋升到领导高位时，大家"觉得她们欠缺扶持及敏锐关怀的集体特质"，诚如海蒂／霍华德的研究所示。[2]

因此，从企业的管理层到政府的各级单位，我们始终很少看到女性身居高位也就不足为奇了。在美国，女性在众议院和参议院只占 20% 的席位，而且那已经是历史新高。[3] 世界上多数国家尚未出现女性领导人。皮尤研究中心的数据显示，对于女性在政坛及充满权势的职业中为什么难以晋升到高位，美国人有诸多看法：大家对女性要求的标准较高，社会还不愿意正视她们的才华，大家仍要求她们要兼顾工作与生活。[4] 这些问题都源自公共和私人领域中两性情绪劳动的失衡。有些议题可以借由立法来改善，所以如果我们想在文化和经济领域中，看到大家对情绪劳动的看法出现明显变化，就应该团结起来，让政府中出现更多元化的代表。然而，许多女性政治人物也发现，大家对女性公职人员的情绪劳动要求特别多，对男女公职人员的情绪劳动要求也有两种截然不同的标

---

① Sonia Muir, "Heidi versus Howard-Perception Barrier to Be Hurdled," *Agriculture Today*, March 2012, https://www.dpi.nsw.gov.au/content/archive/agriculture-today-stories/ag-today-archive/march-2012/heidi-versus-howard-perception-barrier-to-be-hurdled-commissioner.

② Madeline E. Heilman and Tyler G. Okimoto, "Why Are Women Penalized for Success at Male Tasks? The Implied Communality Deficit," *Journal of Applied Psychology* 92, no. 1 (January 2007): 81-92, https://nyuscholars.nyu.edu/en/publications/why-are-women-penalized-for-success-at-male-tasks-the-implied-com.

③ Drew DeSilver, "Despite Progress, U.S. Still Lags Many Nations in Women Leaders," Pew Research Center, January 26, 2015, http://www.pewresearch.org/fact-tank/2015/01/26/despite-progress-u-s-still-lags-many-nations-in-women-leadership/.

④ "Women and Leadership: Public Says Women Are Equally Qualified, but Barriers Persist," Pew Research Center, January 14, 2015, http://www.pewsocialtrends.org/2015/01/14/women-and-leadership/.

准：要求男性持续展现强势和魄力，但要求女性展现关怀及顺从。女性只要稍微逾越界限，无法顺着政界的严苛要求行进，就会遭到严苛的抨击，也可能危及后势发展。

我不是要在这里讨论政治，也不是在主张希拉里当初若是更小心地处理情绪议题，就能赢得 2016 年的总统大选，那些议题既不是我的专长，也不是我的兴趣所在。她在烘焙饼干或笑容方面所引来的批评，还涉及许多其他因素。不过我觉得，在定义政坛男性和女性的领导力方面，我们抱持的双重标准以及那些预期对女性的限制，确实值得注意。因为，当大家预期女性应该持续投入情绪劳动，好让周遭的人感到舒适快乐时，这种预期所衍生的后果不只会影响我们对女性的观感（怀疑她们领导世界的能力），还会阻碍人际关系的进展（怀疑她们在家里的领导力）。大家对女性情绪劳动的要求，还包括要求她们尽量压抑自己（把自己变得更渺小、更安静），不要捣乱（连对那些冤枉或误解了自己的男性的批评，也被视为捣乱）。

大家对情绪劳动的要求，导致问题出现时女性无法畅所欲言，因为女性缺乏和男性一样的立场。女性只要批评男性老板、男性同事、男性伴侣等任何男性，就会有人质疑我们别有用心，居心叵测，因为那样做破坏了周遭人的舒适，违反了社会规则。当女性不像预期那样在家里表现顺从时，就有可能引发纷争；在职场上，则可能导致事业受挫；若是在外面的世界，在街上深夜走路回家，不展现顺从还可能导致更糟的后果。即使女性不在人际关系中运用情绪劳动来提升地位，或在职场上运用情绪劳动来帮助升迁，她们也需要运用情绪劳动来求生。

第九章

沉默的代价

"Me too.（我也是。）"

这是女性主动找我分享情绪劳动的经历时，我常常听到的一句话。

"Me too."这是我的故事，我妈的故事，我姐的故事，我好友的故事。后来，我那篇文章发表不久，"我也是"（MeToo）那几个字在哈维·韦恩斯坦被指为性侵罪犯的消息曝光后，迅速蹿红。女演员艾莉莎·米兰诺（Alyssa Milano）让"#MeToo"标签再度广为流传，那原本是 2007 年由青年活动家塔拉纳·伯克发起的草根运动，目的是让有色族裔的年轻女性知道，她们不是唯一遭到性骚扰和虐待的人。米兰诺则在社群媒体上呼吁，只要每位经历过性骚扰和性侵的女性都能简单地写下 Me Too 二字，并把那两个字放在每个人都能看到的地方——网络上——或许世界就能了解性骚扰和性侵的严重性。

几天下来，我的脸书和推特充斥着 MeToo 字眼。我除了自己贴出来以外，心里也回放着我只跟几位闺蜜讲过的故事。几天前，我独自走路回家，路上一个男人对我说："笑一个！"我数不清自己曾遇到过多少次陌生人站在我面前，要求我为他们做这种最基本的情绪劳动：微笑。我也数不清有多少次从那种情境中不安地走开，回头一瞥，接着匆匆赶路。而且，要求你"笑一个！"还算是无伤大雅的要求，还有许多更糟的情况，例如跟踪你、威胁你、触摸你。当然，我遇到过性骚扰，那不是每个女人都遇到过的事吗？我差点没发"#MeToo"帖子，因为我觉得类似事情太多了，无须公告周知，就像说"天空是蓝的"一样多余。然而，这场运动所掀起的怒吼清楚又响亮地表明，发起这个话题以打破许多人长期以来忍受的痛苦沉默是必要的。美联社报道，二十四小时内脸书上就有超过一千两百万条"#MeToo"帖、评论和回应①。沉默使我们暗暗地承担了许多痛苦。

许多女性主动分享的故事吓了我一跳，不是因为我不熟悉那些故事，而是因为那些故事太露骨、太情绪化了。她们为了让其他了解及相信她们的女性看到那些故事，毫无保留地和盘托出。那些故事也赤裸裸地呈现在所有男性面前，让那些真正想成为盟友的人重新评估他们以前一直视为正常的现象，以及他们的一无所知让女性付出的代价。有的故事涉及强暴和虐待，有的故事是

---

① "More Than 12M 'Me Too' Facebook Posts, Comments, Reactions in 24 Hours," CBS, October 17, 2017, https://www.cbsnews.com/news/MeToo-more-than-12-million-facebook-posts-comments-reactions-24-hours/.

童年的恐怖经历及男性朋友对女性信任的辜负，有的故事是老师、同事、亲戚、陌生人在各种场合强迫女性，她们后来的境遇从不适到身心受创都有。我注意到，这些故事都有一个共同的主题：情绪劳动。

对女性投入情绪劳动的预期，要求女性付出情绪劳动，都极大助长了强暴文化。男性大胆地逾越了一条线，接着又跨过另一条线，因为他们默认女性不会做或说出任何事情来破坏他们的舒适感。说到性骚扰，女性为了预测骚扰者的反应及设法控制骚扰者的情绪，不得不动用情绪劳动。这样做不再是因为首要之务是维持和睦，而是因为这关乎她们的人身安危。这是一种危险的循环，社会对情绪劳动的要求助长了强暴文化，而强暴文化又强化了大家对情绪劳动的要求。

女性面临性骚扰时，她们处理的方式跟面对所有情绪劳动的方式一样：自问怎么做才能不刺激对方，怎么才能平息对方的怒气？怎么做才能避免对方发怒、攻击、报复？怎么做才能减轻已经对我们造成的伤害？此外在我们的文化中，男性不需要学习那些有助于减少男性有害特质的情绪劳动工具，这点又进一步加重了女性的负担，以至于追责、解决问题、维持和睦等责任都落在女性身上。

《打破企业沉默》（*Breaking Corporate Silence*）的作者罗伯特·博戈西安博士（Robert Bogosian）指出，职场发生性骚扰时，女性的脑海中会迅速闪过许多念头。他说："防御性的沉默源自恐惧。"在内心的对话中，女性正在思考结果，因为她们知道自己是承担后果的人。"'我可能因此丢了饭碗，被贴上标签，遭到排挤，被边缘化，我不能让这些事情发生在我身上。'所以，要想在这里安全地生存下来，最好的办法就是绝口不提。"① 这种防御性的沉默让每个人都感到放心，这是女性不自找麻烦，避免遭到责怪及贴上标签的方法。博戈西安指出，女性特别害怕被贴标签，贱人、泼妇、怨妇、骗子等会进一步孤立受害者。所以她们环顾四周，发现这是大家默许的文化时，只能隐忍不发，心想："其他人似乎都不在意，我想我也应该如此。"

博戈西安博士所描述的是一种"容忍的文化"，那是为恶行预先设下先例的宽恕。我们不谴责性骚扰，而是把它描绘成一种可接纳的男人性格。"哦，哈维本来就是那样。""拜托，他不是那个意思。""放轻松，他对每个人都是那样。"基本上大家是抱着"男人嘛，江山易改，本性难移"的态度，这些轻视的言论造就了沉默的文化。他们把这种行为正常化，把伤害变成了无足挂齿的事情，强暴文化正是如此。这促成了一个严重有害的职场环境，把大量的情绪劳动和情绪压力强加给女性，强迫女性非承担不可。诚如查理·罗斯（Charlie Rose）的受害者在《华盛顿邮报》上所言："你知道你不按照某种方式行事的话，有人会在你背后紧盯着。"② 这对阶级地位较低的人来说风险较大，这也是为什么女性不得不硬着头皮应对，以符合外界对她的情绪劳动所抱持的期待。她们的生计，甚至生命，都有赖她们恭顺地符合要求。

---

① 2017 年 12 月 4 日接受笔者采访。
② Irin Carmon and Amy Brittain, "Eight Women Say Charlie Rose Sexually Harassed Them—with Nudity, Groping and Lewd Calls," *The Washington Post*, November 20, 2017, https://www.washingtonpost.com/investigations/eight-women-say-charlie-rose-sexually-harassed-them--with-nudity-groping-and-lewd-calls/2017/11/20.

虽然博戈西安博士研究的是企业文化，但是在要求情绪劳动的服务业中，逼迫女性承受性骚扰的压力可能更大。博戈西安博士谈到每个行业的"大佬"通常都无须承担任何责任。例如餐饮从业者肯·弗里德曼（Ken Friedman）涉嫌性侵女员工多年都无人揭发，只因为他在餐饮业的地位很高。曾在弗里德曼的餐厅担任服务生的翠西·尼尔森（Trish Nelson）告诉《纽约时报》，她遭性骚扰多年，甚至经历过一次可怕的性侵，后来即使她离职了，她依然不敢站出来揭露其恶行。"我不敢告诉任何人。"她说，"弗里德曼一直吹嘘，他可以让你在业界混不下去，我们亲眼见过那种事情发生。"[1]当你向社会地位较低的群体看时会发现，营造出有害的文化并不需要太高的地位或太多的金钱。女服务生或女店员的地位几乎比同职场的每个人都低，这使她们很容易成为性骚扰的目标。相对地，身处管理高层的女性较少有类似体验。然而，不管是地位较低的女服务生，还是位居高层的女高管，她们为了熬过每一天都必须运用情绪劳动的技巧，从表层扮演（假装一切都很好）到深层扮演（欺骗自己这些事情无所谓）皆有可能。

　　这种自我保护的情绪劳动，多数女性都再熟悉不过。即使我们的工作环境不容忍骚扰，我们也无法完全与外界隔绝。几乎每位女性都曾遇到过这种不舒服的情境：走在街上听到陌生人对你大喊猥亵的言语，心里开始评估如果回应将会引发什么危险。那些男人叫你"笑一个"时，你会微笑回应吗？还是你会一直走，仿

[1] Julia Moskin and Kim Severson, "Ken Friedman, Power Restaurateur, Is Accused of Sexual Harassment," *New York Times*, December 12, 2017, https://www.nytimes.com/2017/12/12/dining/ken-friedman-sexual-harassment.html.

佛什么事也没发生？你敢大声回呛，打破沉默守则吗？我们运用情绪劳动的技巧来找出适当的反应，因为每种情况都是独一无二的。虽然街头骚扰让人很想大声回呛，但我们都听过有些女人在错误时刻勇于反驳后的下场。你不知道哪个男人会因为你的反驳而退缩，因你的责骂而羞愧，或是跟着你回家。

我采访梅丽莎·佩特罗（Melissa Petro）时，她说她在咖啡馆中，已经多次遇到过男人想要侵犯她的私人空间、时间，占用她的情绪劳动。她特别提到某次，她和一位朋友坐在公园的长椅上，一个陌生人走过来，不仅坐下来，还硬生生地插入她们的谈话。几分钟后，她的朋友转向那个人，坦白地说："我们不想跟你说话。"她不仅对朋友的"无礼"感到震惊，也惊讶于那个男人真的因此离去。她心想："你可以那样做吗？"当然，她知道事情没那么单纯，至少那样做的风险可能高过夺回个人时间的助益。佩特罗说，尽管她的朋友为她树立了勇敢的榜样，她依然纵容那些觉得有权享受其情绪劳动的男人，因为那种礼貌的回应可以给她一种安全感。她说："即使礼貌回应没有别的好处，至少不会有人随便叫我婊子。"那是阻力最小的路径，也是心理压力最小的路径。这种熟练的情绪劳动，无疑是她多年磨炼出来的，就像许多女性一样。我们不是先天就知道如何应对这些情况，但我们都会及时学会。

我的个性向来泼辣。小时候，在学校走廊上，遇到刻意吃我豆腐的男同学时，我会以手肘狠狠地撞他。有一次一群男生在拥挤的商场内上下打量我，说我是"性感小妈"，我当众痛骂了他们一顿。当时还有许多同侪和成年人在附近，感觉很安全。危险很小，求助也容易。当时我不明白，为什么没有更多的女生像我一样反击。直到我十四岁那年的万圣节，我才知道原因。

当时我和一群朋友一起到一个女孩住的封闭小区，准备玩"不给糖就捣蛋"的游戏。那时感觉很安全：我们有十来个人，沿途有很多街灯，很多孩子自己出来玩。然而还没到深夜，就有一群大男孩开始跟着我们。我们都注意到了，迅速从一条街走到另一条街。那群男孩开始对我们大吼大叫，要我们跟他们一起走，还问我们在害怕什么。我不记得当时我说了什么，可能是中学生常拿来骂人的一些话吧，也许是"滚蛋"之类的。一位女性朋友听到我这样说时，惊恐地看着我。

"你不能那样说！"她对我大叫，接着拉着我的手跑开。我不知道那群男孩是否追了过来，但她那是本能反应，源自我尚未拥有的处世知识。

那群男孩追着我们跑，而且跑得很快。我可以听到他们向我们逼近时，鞋子大力踩踏在人行道上的声音。我不能回头看，我们都不能回头看。我们很幸运可以及时跑掉，但后来不得不兵分几路，朝着不同的方向逃开。后来我在一个三人小组中，我们一起躲进小区游泳池附近的灌木丛里，看着那群男孩往前继续跑。我们不知道其他女孩怎么样了，她们是往那个方向跑吗？我们该怎么找到她们？我们找到她们时，她们会是什么样子？

我不知道我们躲在那里哭了多久，感觉好像过了好几个小时，虽然可能没那么长。最后，我们终于发现所有人都安然无恙。那晚我们都很幸运。直到长大以后，有更可怕的事情发生在我及我爱的人们身上，我才意识到当时的我有多幸运。

那之后，我学会了不要跟命运开玩笑。现在我走在街上，即使我带着孩子，遇到有人叫我"笑一个"时，我也会不由自主地微笑。我知道何时该有眼神交流，何时可以继续低着头或佯装心不在焉。随着年岁见长，我逐渐学会如何一边隐藏恐惧，一边注意那些骚扰者的情绪。那是自保的工具，但无论你多么擅长运用情绪劳动，往往还是不够。

这也是为什么即使女性已经尽力，但性侵依然发生时，我们常向受害者而不是向加害者寻求解释。多数的强暴案是由受害者认识的人所犯下的，在那些案子中，大家往往会问受害者，她是否有诱导他（她展现的情绪劳动是否太亲密）。大家也会问受害者，她有没有做什么以阻止这种事情发生（她是不是原本可以更小心地拿捏分寸？）。大家还会问受害者当时穿什么衣服（她的打扮得体吗？）。我们仔细审视受害者所做的情绪劳动，因为批评受害女性的行为比批评犯罪男性更容易被社会接受。强暴文化的这个面向正是让受害者一开始就不敢说出受害经历的原因。

受害者都很清楚，受到侵犯后主动站出来举报时，会面临很多问题。大家往往不相信她们的说法，司法系统也令她们失望。美国强奸、性虐待和乱伦网络（RAINN）的数据显示，每1000件强暴事件中，仅310件向警方报案，只有57件报案促成罪犯被捕，其中仅7件被判重罪，真正服满刑期的更是少之又少。① 我们一再看到，法官觉得强暴犯的"光明前程"比受害者的痛苦更重要，诚如布罗克·特纳（Brock Turner）的个案所示，法官认为这个年轻的强暴犯大有可为的游泳生涯，比受害者的身心创伤更有价值。

---

① "The Criminal Justice System: Statistics," RAINN, https://www.rainn.org/statistics/criminal-justice-system.

特纳以五项性侵及强暴罪名遭起诉后，只获判六个月的监禁，而且真正服刑的时间只有一半。尽管二十二岁的受害者艾米丽·多伊（Emily Doe，这是代称，受害者仍保持匿名）在提出指控时忍受了种种的恐怖和繁重的情绪劳动，司法为她伸张的正义却少得不成比例，令人遗憾。[1]

很多时候，有些人会告诉受害者，现在"不是讨论这个问题的合适时机"。以纽约州总检察长埃里克·施奈德曼（Eric Schneiderman）为例，他在"#MeToo"运动期间高调地支持女性权益，但外界阻止那些遭到他施暴的女性公开其暴行，以免这位争取女性平权的"盟友"丢了工作。施奈德曼的一位前女友回忆道，她和施奈德曼分手后，曾跟一些朋友提起他的暴行，结果朋友反而告诉她，施奈德曼"是民主党倚重的政治人才，不容失去""别把那件事情张扬出去"。[2]

即使受害者没有公开揭发施暴者的恶行，她们向家人和朋友倾诉时，也可能会打开潘多拉的盒子，导致受害者为此付出更多的情绪劳动。在家暴案例中，亲友常叫受害者思考，若是公开受虐的事情可能会对家庭造成什么样的伤害。受害者一再被提醒，控制自己的情绪并顾及自己对周遭人的影响（包括攻击者）是她们的责任。

劳拉从小在暴力家庭中长大，很早就开始接受情绪劳动的训

---

①受害者香奈尔·米勒（中文名张小夏）后来把这段经历据实写进了她的非虚构作品《知晓我姓名》。——编者注

② Jane Mayer and Ronan Farrow, "Four Women Accuse New York's Attorney General of Physical Abuse," *The New Yorker*, May 7, 2018, https://www.newyorker.com/news/news-desk/four-women-accuse-new-yorks-attorney-general-of-physical-abuse.

练，而且风险很高。她不得不隐瞒家暴这件事，因为她不想因揭露暴行而让施暴者感到痛苦。随着年龄增长，她发现自己很容易跟有强烈控制欲及暴力倾向的人交往，但她依然隐瞒受虐的事实，只因为她无法回答"你为什么不离开他？"这个问题。最后，她也不让孩子知道自己是家暴受害者，以免孩子看着母亲受虐而痛苦，也避免孩子承接了受虐的角色。"我有责任把一切内疚、羞愧、痛苦和尴尬埋在心底。"她说，"我无时无刻不扛着一个装满暴力、创伤、痛苦的包袱，包袱里面也装满了别人的问题，这样一来，别人就不必承担了。"[①] 她必须承担所有的痛苦，并把那些痛苦隐藏起来，好让大家过得更舒适，这也表示她无法化解任何痛苦。她说，大家常说她很坚强或坚忍，但实际上她是为了大家而故作坚强。"我不想给别人带去那种痛苦，虽然那样做可能会保护到虐待我的人。我还没找到另外的生存方式。"

女性常处于受虐关系或隐瞒过去受虐的事实，这点也许并不令人意外。她们已经习惯把他人的舒适和幸福置于个人之上。在受虐的情况下，这种习惯与恐惧交织在一起，便导致沉默和默许。就某种意义上来说，在一段受虐关系中，受虐者也容易"习惯"特定的情绪劳动模式，而不去处理情绪劳动的加剧及逃离施虐者的危险——那危险可能危及生命。在家暴案件中，逾70%的谋杀发生在受害者离开之后。家暴回忆录《疯狂的爱》（*Crazy Love*）的作者莱斯莉·摩根·斯坦纳（Leslie Morgan Steiner）指出，杀死受虐者是家暴模式的最后一步，因为到了那个时候，施虐者已经无所顾忌。斯坦纳在书中描述她逃离试图杀死她的丈夫之后发生的

---

① 2017年11月9日接受笔者采访。

事：每次锁门她都会再三确认；申请禁止令后，她发现丈夫有好几晚都站在她公寓的窗外。任何事情都有可能发生。[①]

斯坦纳的 TED 演讲《为什么她们被家暴了，还是选择不离开》有很高的点击量。她在演讲中简要地谈到，大家不断地追问"为什么她还留下来？"为何令人沮丧，仿佛那是一种被动的选择，而不是受害者无时无刻不在仔细权衡的问题似的。[②] 大家似乎都在指责受害者没有把所有心力都花在防止下一次家暴上。她在回忆录中提到，她和未婚夫入住新公寓的第一晚，未婚夫就大发雷霆。但她没有离开，而是自问该如何改变结果：她该如何把情绪劳动做得更好，以避免他再度发飙。"康纳是对同居感到恐惧吗？"她写道，"他是因为太恐惧才那么狠地打我吗？为什么我没有冷静一点？我本来可以，也应该可以一笑了之。告诉他，我爱他胜过世上的任何一个男人。"[③] 多年后她才明白真相：想防止家暴发生，根本没有任何准则可循。无论她做什么，都不是他施暴的理由。无论她怎么做，都无法遏止暴行。

她也提到为了保守这个可怕的秘密所付出的情绪劳动，以及她向挚友透露丈夫打她时的内疚感，因为她实在不想让任何人因为知道这件事而替她担忧。她觉得自己太在乎别人（对她动粗的丈夫及关爱她的人）怎么想了，因此无法看清这些情绪劳动最终将如何置她于死地。

---

① Leslie Morgan Steiner, *Crazy Love* (New York: St. Martin's Press, 2009).

② Leslie Morgan Steiner, "Why Domestic Violence Victims Don't Leave," TEDxRainier, November 2012, https://www.ted.com/talks/leslie_morgan_steiner_why_domestic_violence_victims_don_t_leave.

③ Steiner, *Crazy Love*, 93.

回忆录《我是你的》(*I Am Yours*)的作者雷玛·扎曼(Reema Zaman)指出,她之所以步入那段受虐关系,是因为感觉很熟悉,也是因为相似的原因而迟迟没有离开。她的父亲脾气暴躁,难以预料,又有很强的攻击性。她从小看着坚强又聪明的母亲在父亲面前惊恐不安,蜷缩着身子。她说,母亲承担了家里所有的情绪劳动,包括承接父亲的情绪爆发,所以她也学会了这样做。"自始至终,我母亲持续地展现宽容、善良、耐心、同情、安静、体贴、顺从、恐惧、恭敬和温顺。"[①]扎曼二十五岁时嫁给了一个比她大十一岁的潇洒男子,她也是如此对待丈夫的。童年的耳濡目染使她不仅容易受到渣男的吸引,也使她成为渣男最爱锁定的女性类型。

她就像每个身处受虐关系中的女性一样,知道如何做好情绪劳动。那是让那种关系健康和谐的唯一方法。然而,尽管她付出了那么多,她的丈夫总是索求更多,直到她耗尽心力,精疲力竭,而且她的丈夫还会运用一些手段,把她进一步束缚在虐待关系中,使她无法脱身。

"在实体上及情感上,我丈夫都设法让我们远离亲友。"扎曼说,"他占用了我太多的心神,以至于我已经没有心力去理会其他人了,最后跟亲友完全失去了联系。我们住在纽约北部的一个小镇,那里非常偏僻,甚至收不到手机信号。"她每周都把收入交给丈夫,还会留意丈夫不喜欢她做的事情,例如改变铺床方式、改变穿着打扮和化妆方式,等等。"我们的婚姻之所以'能够维系下去',是因为我确切知道怎么应付他的脾气,如何在他暴跳如雷时

① 2018 年 2 月 4 日接受笔者采访。

闪避，如何运用言语、性爱、分散注意力、幽默、食物来安抚他，如何化解他和妹妹、母亲、朋友、老板之间的冲突。"

即使是不曾受虐的女性，也会把这种熟练又巧妙的情绪劳动带入感情关系中。虽然我们和伴侣互动时不必特别小心翼翼，但还是会好好地拿捏分寸。我们迅速适应了伴侣的行为模式，并努力维持关系的和睦。许多男性辩称他们也会这么做，但他们的作为并不是源自同样的动机。诚如玛格丽特·阿特伍德的犀利论点所述："男人怕女人嘲笑他，女人怕男人杀了她。"[①] 我们那些温和反应的背后，总是蕴藏着几分自我保护的意味。我们活在一个无法自在闲逛的世界里，我们深谙这点。

不过，对许多女性来说，我们更在乎的不是危险，而是失望。我们不想惹是生非，打乱生活，付出不必要的情绪劳动。虽然我们在人际关系中投入的情绪劳动不是基于恐惧，但仍是为了自保。我们为了让每个人感到舒适、为了事情顺利进展，已经花了大量精力，所以，遇到冲突时，小心翼翼地回避往往比直面更有意义。这也是为什么我花了十三年时间才跟我丈夫提出这个问题。在我达到临界点之前，我觉得这种事情根本不值得拿出来讨论。对我来说，那个搁在衣帽间中间、看似无害的塑料储物箱正是我的临界点。对扎曼来说，她意识到她绝不能把孩子带进那段受虐关系，正是她的临界点。

无论是在家里还是外在世界，女性似乎都开始达到那个共同的临界点。"#MeToo"运动所获得的压倒性支持，以及我们现在严

---

① Margaret Atwood, *Second Words*: *Selected Critical Prose 1960-1982* (Toronto: House of Anansi, 2000), 413.

肃看待性骚扰及家暴指控的态度都令人振奋。这些变化显示，女性已经准备好向前迈进，并正视不平等为何持续存在。女性不该再以对自己不利的方式从事情绪劳动，或只是为了维持现状而从事情绪劳动。女性应该深入探索如何改变情绪劳动的平衡，以便帮自己及周遭的人过更好的生活。现在，是我们重视女性的技能、劳动、心声的时候了。

2018 年，欧普拉获颁金球奖终身成就奖时，在动人的得奖感言中提到："今年，我们成了故事的主角。"她是指女性和"#MeToo"运动。"长久以来，当女性鼓起勇气说出受到男权压抑的真相时，往往没有人倾听或相信她们，但现在那些男人的大限到了！"说这是一段充满希望的声明，或许仍言之尚早，但确实引起了人们的共鸣。当我们看到那么多有权势的男人遭到公开谴责，如哈维·韦恩斯坦、主播马特·劳厄尔（Matt Lauer）、艺人路易·C.K.（Louis C.K.）、主持人查理·罗斯、记者雷恩·利兹（Ryan Lizza）等，他们的毁灭不再是天方夜谭。即使他们不是大限将至，至少当我们乘着这股女权新浪潮进入欧普拉展望的未来时，他们的势力会逐渐萎缩。欧普拉在演讲的最后，勾勒出一幅现今的年轻女孩可以展望的世界样貌，为那场动人的演讲作结。"新的一天即将来！而那一天之所以到来，是因为许多卓越的女性以及一些非凡的男性努力奋斗，引领大家走向一个再也没有人需要说出'MeToo'的时代。"

第十章

你有必要包揽一切吗？

　　1957 年，即将成为女权运动领袖的弗里丹和史密斯学院（Smith College）的同学一起参加毕业十五年的同学聚会，当时她对同学们进行了一项调查。她发现，许多原本前程似锦的年轻女性，在毕业十五年后的生活并不尽如人意，她们成为家庭主妇后，从大学学到的技能大多毫无用武之地。弗里丹开始采访其他郊区的家庭主妇，她很想知道为什么这些聪明、健康、受过大学教育的女性即使实现了所谓"美国梦"，依然过得不快乐。她们有房子，有丈夫，有孩子，享受着现代生活的舒适，却仍然有一种难以言喻的失落感，弗里丹开始称这种失落感为"无名的问题"。那个议题促使她写了《女性的迷思》，该书被誉为引领第二波女权热潮的经典之作。

　　弗里丹采访的女性中，没有一个人能够确切指出问题所在，尤其社会文化告诉她们，贤妻良母的生活绝对可以让女性获得满足。弗里丹注意到，这些家庭主妇谈及那个"无名的问题"时，听起来就像在描述日常生活一样。弗里丹写道："她的一天是支离破碎的，她匆匆地从洗碗机转向洗衣机，再去接听电话，接着又转往烘衣机，然后开车去超市，载着儿子约翰尼去少年棒球联盟的球场，载着女儿珍妮去上舞蹈课，把割草机送修，然后赶在六点四十五分回家。她在任何一件事情上投入的时间都不能超过十五分钟。她没有时间读书，只能翻翻杂志。即使她有时间，她也失去了集中注意力的能力。"[1] 她在整本书中主张，"无名的问题"是女性迷思造成的。所谓女性迷思，就是主流文化长久以来灌输给我们的理想：所有的女性都可以，也应该从母亲、妻子、家庭主妇的身份中获得满足。女性致力投入家务和孩子的课外活动，追求女性迷思所承诺的满足感，但她们依然面临很大的身份认同危机。她们觉得自己仿佛不存在，或者她们只是妻子和母亲，毫无个人身份可言。那些家庭主妇不知道如何表达她们的失落感，觉得"即使她试图告诉丈夫，他也听不懂她在说什么。连她自己也不是很明白"[2]。坦白讲，这听起来很像我试图向罗伯解释，我身为家务和情绪总管所产生的失落感。我不知道该用什么词汇来直接表达我做的一切情绪劳动，当时我还不明白那不止涉及实体的家务劳动而已。也许那是 20 世纪 60 年代初期女性失落共性的一部分：女性迷思是比较明显的罪魁祸首，因此掩盖了真正的症结所在——情绪劳动。

弗里丹从未帮那个"无名的问题"命名，虽然我怀疑情绪劳

① Betty Friedan, *The Feminine Mystique* (New York: Dell Publishing, 1963), 30.

② Friedan, *The Feminine Mystique*, 19.

动应该占其中很大一部分。她唯一提供的解决方案是，女性需要多参与世事，她们需要运用技巧和智慧去体验满足感，从而变成更全面的个体。她指出"养儿育女、室内装潢、三餐规划、预算、教育、娱乐活动之类的基本决策确实需要智慧"[①]，但她并未花太多时间探究那些任务对情绪和心神造成的负担。她和其他的家庭专家一致认为，女性的时间大多花在实体家务上，情绪劳动反而是家庭主妇生活的亮点，因为情绪劳动使用的技巧与能力跟地板打蜡不同。总之，在开拓一条更重要的前进之路时，弗里丹并未深入探究情绪劳动。一般认为《女性的迷思》是启动二十世纪六七十年代妇女解放运动的开山鼻祖。女性开始更全面地投入生活、职业生涯和家庭，大家觉得老旧的女性迷思大致上已经消失了，女性终于出头了。

然而数十年后的今天，最初那个"无名的问题"仍有一部分尚未消失，那就是情绪劳动所带来的失落感。如果说以前女性的角色缺乏挑战且无足轻重，那么女性现在承受的挑战及负担则沉重得令人窒息。其实，老旧的女性迷思并未消失，多年来贤妻良母的理想形象可能略有改变，但并未消失或过时，而是叠加在女性现今于外界及职场中扮演的新角色之上。

如今，女性在职场上必须应对男性为理想工作者设定的标准，回到家还必须在短时间内完成家庭主妇和母亲的角色转变。所有的情绪劳动、大部分的体力劳动，以及家庭以外的优先要务都属于女性的范畴。我们非但没有认清这种令人应接不暇又严苛的改变，还相信一种新的女性迷思：女性可以，也应该想要"兼顾一

---

① Friedan, *The Feminine Mystique*, 50.

切"。我们可以同时拥有家庭和事业，既是模范母亲又是模范劳工。理论上，这是一种两全其美的状态，但实际上，兼顾一切意味着你扛了太多的事情。脱口秀演员米歇尔·沃尔夫（Michelle Wolf）在她为 HBO 特别录制的脱口秀特辑《*Nice Lady*》（2017）中，调侃了"兼顾一切"这个荒谬的概念。她说兼顾一切是糟糕的想法，如同没有人在吃了"吃到撑"的自助餐后，会觉得自己做了最好的选择。她也指出，男人对于"兼顾一切"（或兼顾很多事情）并没有相同的渴望，她说："男人才不会想兼顾一切！他们会说：'我有一份工作和一个三明治就好了。我老婆说，我再乖乖守一年规矩，她就会在车库里为我腾出一小片，让我坐在那里……我喜欢坐着。'"这是玩笑话，却和那些觉得有压力需要兼顾一切的女性形成了鲜明对比。那些女人不敢幻想自己坐下来放松，因为她们休息时，没有人会接手那些工作。男人不会想要兼顾一切，不仅是因为他们没有那种追求完美的社会压力，也因为女人让他们不用努力就能"拥有一切"。男人可以同时拥有成功的事业和美好的家庭，因为女人运用情绪劳动来为他殿后。他们不需要渴望"一切"，因为他们根本不缺。家庭和事业之间的平衡，已经由努力想兼顾一切的女人帮他们打理好了。

这也是达拉·海莉克（Darla Halyk）在脸书上发表长文，谈论她对情绪劳动的失望时，直接质疑"兼顾一切"这个错误概念的原因。她写道："觉得女性必须'兼顾一切'的观念，不仅是男性传播的，女性也是共犯。我成长过程中，父母都有全职的工作。事实上，他们有各自的职业追求。我母亲是优秀的银行经理，但她下班回家后，仍为我父亲做饭及上菜，没有人帮她。她是为了爱而做那些事的，她想要照顾他，但经常感到疲惫。她在工作上不会比同职位的男性轻松，但下班后还必须赶回家喂饱家人，打扫'她'的房子，但做了那么多的事情却没有任何头衔。有时她希望丈夫照顾她，为她上菜或叠衣服。大多时候，她希望获得尊重和感谢。我之所以知道这些，是因为我也过着与我母亲同样的生活。我努力迎合我的爱人，无怨无悔，但往往满腹委屈。"[1] 她描述从小到大接触的许多以性别来划分的家务，母亲承担了所有的情绪劳动，父亲只要当"康乐"家长就行了。她亲眼看到这种分工对母亲的影响——母亲因此精疲力竭——现在海莉克对那种感觉再熟悉不过了。她最后以一句话来总结她的看法："我可以包办一切，但那一切不全然是我的分内工作。"那篇文章在几天内迅速转发爆红，《都市日报》刊出一篇文章，说海莉克那句声明是一首新的女权主义赞美诗[2]。没错，我们可以包办一切，但我们需要质疑，我们有必要包办一切吗？难道一切都是我们的责任？

为什么注意到有事情需要完成总是我的责任？为什么我要负责分派任务，否则就得自己做？为什么我要一遍又一遍地唠叨，付出情绪劳动，并引导我丈夫怎么做（这个动作本身就需要付出许多情绪劳动）？女性继续从事情绪劳动，完全看不出任何平衡或回馈，久而久之便转化成严重的性别不平等，难以撼动。女性无法单方面地改变这种现状，需要从和伴侣分担责任开始，让伴侣

---

[1] Darla Halyk (New World Mom), Facebook post, February 8, 2018, https://www.facebook.com/NewWorldMom/posts/1827440660622445.

[2] Miranda Larbi, " 'I Can Do It All, but All of It Is Not Mine to Do' Should Be the Feminist Anthem of 2018," *Metro*, February 18, 2018, http://metro.co.uk/2018/02/18/can-not-mine-feminist-anthem-2018-7321935/.

真正了解分担情绪劳动的意义，才能向前迈进。我们需要伴侣自己承担任务，真正成为他们宣称的伙伴——女权主义者的盟友。如果我一直为他承担所有的重担，他算哪门子的盟友？

我并不期待罗伯对情绪劳动的理解跟我相同，但我确实希望他花更多心思去深入了解，并在有疑问时提出正确的问题；也希望他想为自己，为我俩的关系，为我们的孩子以及未来的亲子关系而努力。如果他不这样做，那些要求我持续付出的情绪劳动，就会使我们永远在原地打转。在男性有意愿扮演盟友的角色，并开始讨论如何让情绪劳动在二人关系中发挥作用以前，我们永远不可能看到真正的进展。因为我们的文化之所以要求女性肩负大部分的情绪劳动，只是为了——维持现状。那可以让男性感到舒适，并维持他们的权力地位及无动于衷。他们可以这里改变一点，那里改变一些，例如洗一些衣服，承担一些晚餐的任务，或是洗碗，但所有的情绪劳动还是落在女性身上。女性必须不厌其烦地以柔和的语调解释，回应也必须小心翼翼，以免男性觉得女性对他们已经付出的努力不知感恩。女性必须确保沟通的方式不会让伴侣感觉到受到攻击或责难。虽然女性的地位在过去一百年间已大幅提升，但依然不如男性的一大原因在于：大家要求女性付出情绪劳动。这也是为什么如今仍有那么多女性不愿给自己贴上女权主义者的标签，她们担心"女权主义者"那个词的寓意更甚于它的实际含义。

高中时，我就是那种女生。我把"女权主义"与那些痛恨男人、家庭、高跟鞋、烘焙等事物的"愤怒女性"形象紧密地联系在一起，所以当时我积极地谴责女权主义。我喜欢听到别人说我是杰出的

"酷女孩"，说我"跟其他女孩不一样"，那是源自内心深处的厌女情结。当时我并未意识到，女权主义只是认为男女应该享有平等的权利，而这是为了让女性有权选择适合自己的生活，而不是为了去贬损那些化妆或想在家里带孩子的人。然而，即使我后来了解了女权主义的真正含义，我还是觉得那是一个难以接受的标签。想要提出任何属于女权范畴的议题，都需要仔细地拿捏分寸，投入大量的情绪劳动，尤其是有男性参与讨论时。我觉得我好像必须不断地证明，我不是"愤怒的女权主义者"。为了让别人认真对待我的说法，我必须先证明我够安静，够冷静，够理性，值得严肃对待。

这类情绪劳动的要求不仅抑止了改变，也破坏了改变，因为判断这些互动中哪些做法"合理"的人，正是那些权力受到质疑的人，亦即男性。他们认为女性的愤怒可能颠覆现状，所以不准女性发怒。他们也觉得女性的意见不能太直率、太极端，因为那干扰了其他人的舒适。这种对情绪劳动的要求也延伸到女权运动之外，在更边缘化的群体中以类似但更强烈的方式来维持现状。那些边缘化的群体里，还有权力层级的考虑，以及更多的声音要求那些群体保持安静和冷静，并注意谁掌握文化的标准与范式的制度。

阿莱娜·莉瑞（Alaina Leary）是残障人士，她觉得自己常在所有的人际关系中付出情绪劳动。她罹患爱唐综合征(Ehlers-Danlos Syndrome，简称EDS)，她说那是先天性结缔组织异常症候群，症状极其复杂。由于全身都有结缔组织，EDS可能会影响身体多个部位。她可以过度变形（指可以自然地延伸身体某些部位，超出一般人可延伸的范围，但是那很痛苦，会导致关节受损）。她的协调力很差，容易受伤。她有慢性疼痛，容易感到疲劳（类似慢性疲劳症候群或纤维肌痛症的患者所感受到的脑筋迟钝和疲倦）。她的肌肉张力很差，姿势也不好。当她不想大费口舌向好奇的记者和亲友解释这一切时，她需要付出大量的情绪劳动，以避免他人注意到她的残疾。"光是规划活动以及跟某人外出，就需要投入许多情绪劳动。"莉瑞说，"通常我必须负责了解我可不可以去参加某场活动，并事先做很多幕后的踩点工作（例如评估活动地点，了解那里距离公共交通有多远、附近有没有停车场、需要站多久或排队多久，查座位信息，确认详细的菜单，等等）。在我们一起出门之前，我必须持续做准备工作。"[①] 如果她不事先把一切安排妥当，可能得承受剧痛，甚至到不了目的地。为了在外面一切顺利，她需要投入大量的情绪劳动；在此同时，她也努力避免那些情绪劳动影响到周围的人。"我不希望那些聚会场合把焦点放在我、我处理的事情，或我的无障碍需求上。"她常担心自己"给人添太多麻烦"，她说这个问题源自内化的残疾歧视。她知道这个世界不是为了通融她而设计的，甚至不是为了让她接触而设计的，所以她觉得自己有必要过度补偿，在某种程度上证明自己，而她是依靠卓越的情绪劳动技巧做到这点的。她告诉我："即使是最善良、最要好的非残疾朋友，也不太明白我的生活究竟是什么样子。"教大家理解并投入情绪劳动，独自扛下所有的重担，好让亲友、陌生人、整个现状维持舒适是她的任务。

　　娜西姆·詹尼亚（Naseem Jamnia）也觉得跨性别者需要为自

---

① 2018 年 2 月 28 日接受笔者采访。

己的身份付出大量的情绪劳动，尤其是面对家人时。Ta 说："我往往决定不解释，也不跟家人谈论这件事，因为经验告诉我，那样做不值得。"① Ta 的母亲偶尔会试图理解，但詹尼亚表示，说到底，她其实不想理解。詹尼亚说："我试着跟她讨论如何使用我的代名词（波斯语本来就没有性别代名词），但她总是推托，说她常把代名词搞混，她不明白为何那很重要。我说，那很重要是因为她把我当成女儿，当成一个女孩；而我把自己视为她的孩子，是一个无性别的人。"詹尼亚说，跨性别者面对朋友和陌生人时会比较容易，因为 Ta 们不像家人那样跟你有过很长时间的交集，对你有所预期。每个人在家中都需要顺应情绪劳动的预期，但是处理性别认同和跨性别议题时，需要付出的情绪劳动会一举提升到一个全然不同的级别。詹尼亚说，跨性别者意识到 Ta 们每次和父母在一起时都得付出那么多情绪劳动，就会更加泄气。"每次和爸妈在一起，我都会感到精疲力竭。我意识到自己的所作所为及投入的精力，但 Ta 们对我的付出毫无同理心，甚至毫无意识。我们的关系之所以维持不变，是因为我在尽我所能避免招惹是非。相较于试图改变 Ta 们，对我来说，维持不变反而没那么累人。"

要求平等，指出明显的种族歧视和其他不公平，都需要穷极情绪劳动，更遑论其负面影响了。事实上，我为本书采访的一位女士要求我采用化名，因为连谈论她身为黑人女性所承受的情绪劳动，都可能会在她打造平台和追求事业时伤害到她。身为三个孩子的母亲，她解释，情绪劳动对她的影响远远超出了她的人际关系或家庭管理，几乎渗入生活的各个角落。她得经常应对一些无知、

① 2018 年 3 月 16 日接受笔者采访。

露骨的种族歧视问题，或是遇到白人明明可以主动去学习种族议题，却默认应由她来负起教育对方之责。外界希望她容忍一些轻微的歧视举动，装出若无其事的样子。她也被迫面对周遭人对其生活经历的质疑（"你确定你描述的歧视真的跟种族有关吗？"），还得自我调整，假装情况没那么气人。

她告诉我，最近她带着孩子和年迈的母亲去州立公园游玩的经历。他们只停车下去玩了几分钟，她的母亲留在车内。她回到车子时，一名警官上前问她，为什么不付八美元的停车费。她指出，那辆车子并未熄火，她的母亲一直待在车内，他们只是暂停几分钟。我觉得这个说法很合理，换成是我也会这么回答，但我永远不会预料接下来的事情发生在我身上：警官把手移放到手枪上。这个故事本身已经够恐怖了，但她后来告诉一位白人朋友时，朋友还站在警方那边，坚持那种互动与种族无关，说她过于敏感。

"我已经无数次遇到过这种情况了。"她告诉我，"到最后，你会干脆避而不谈，因为你已经厌倦了还要为这种事算不算种族歧视而辩解。如果我长得像我邻居，如果我是戴着眼镜的娇小白人女士，早上十一点开着小车，载着三个小孩和七十五岁的母亲去州立公园……如果我是金发，警官就不会把手放在手枪上了。"[1]她说，这个世界，有些人会为了维持让自己舒适的世界观，而否定你的生活经历。活在这种世界里令人沮丧。

外界不只要求她付出情绪劳动，更糟的是，她看到外界也要求她的孩子展现出某种程度的顺从。她回忆道，有一次她去白人小区的游泳池，她明确告诉孩子，不能太大声或太吵闹，基本上

---

[1] 2018 年 3 月 12 日接受笔者采访。

就是不能太像孩子。"你不能像白人孩子那样展现孩童本色。"她说,"我不仅改变了我的行为,也改变了孩子的行为。我限制了他们。"她不得不那样做。这是因为她知道,白人谈论黑人儿童时,所用的是一种经过包装的用语,以便把种族歧视加以合理化。她和她的孩子必须确保每个人(尤其是周遭的白人)感到舒适。"最终,你是活在一具大家认为有威胁性的躯体里,你的存在本身就是一种威胁。"她必须付出大量的情绪劳动来抵消那种影响,而那种劳动付出很少获得肯定或重视。

虽然有色族裔女性的情绪劳动常遭到滥用,但她们也因为经常付出较多的情绪劳动,而有能力领导变革及解决问题,并取得卓越的效果。里安农·蔡尔兹(Rhiannon Childs)是俄亥俄州女性大游行(Women's March)的社群组织者,也为美国计划生育联合会(Planned Parenthood)从事宣传工作。目前,她正准备把一些组织经验运用在地方选举上,同时大力倡导妇女的生育权利。她在上述领域中的表现相当出色,尽管她是 2016 年大选后才开始从事宣传工作的。在那之前,她在医疗照护领域工作了二十年,并在美国空军服役。她告诉我,这次总统选举让她回想起以前在军中遇到的许多厌女和种族歧视经历,促使她改变职业选择。她指出,在竞选过程中,性别歧视的现象昭然若揭。"看到世界上最有权势的女性之一(希拉里)也经历着一些我年轻时一直保持沉默、从未正视过的事情,实在令人震惊。"[①] 现在她不再沉默了,她不能让女儿在一个告诉她"你不够优秀"的世界里长大,她不想让女儿也经历相同的一切。

----

① 2018 年 3 月 13 日接受笔者采访。

蔡尔兹的成功当然可以归因于丰富的生活经历和性格特质，但她身为黑人女性所累积的情绪劳动经历是主因。她知道如何为周遭人的盲点带来光明，如何对他人展现同理心，以及如何体谅和理解他人（她说这是一种近乎与生俱来的能力）。"这就是为什么我们常说，要信任黑人女性并以她们为中心。"蔡尔兹说，"我们面临着那么多维度的压迫，我们理解世事，理解多数观点和逆境。我们不会错过任何事情，不会错过任何声音。身为组织者，我在规划一件事情时，会考虑每个人。我不会遗漏任何事情，我们会想到很多人压根儿没想过的事。"这个世界可能要求她无论如何都要付出情绪劳动，但蔡尔兹说，把那些技巧运用在她的宣传工作上，是她能够重新掌握个人时间的一种方式。

　　情绪劳动不只是个人关系动态中的问题，例如谁把袜子扔在地板上、谁把袜子捡起来之类。妇女运动忽视情绪劳动，不单阻碍了家庭领域的进步。我们不解决情绪劳动的问题，会导致各方面的平等都受到阻碍，造成权力失衡，于是大家默认其中一方包办所有的工作，连另一方该做的本分也一并包办。蔡尔兹告诉我，虽然她常肩负起教育别人的情绪劳动，但还是有一些事情是她无法代劳的。她说："我无法帮你挽回错过的多年岁月，我不能一直回顾过往，你需要迎头赶上，你需要自学及教育自己。"这是伊耶玛·奥洛（Ijeoma Oluo）在著作《你想谈论种族是吧》（*So You Want to Talk About Race*）里常提到的一点。她一再提到，如果你依然"搞不懂"，又没有黑人朋友愿意为你付出更多的情绪劳动来向你解释，你可以自己上网搜索。你的疑问可能已经有人回答过好多次了。这让我想起许多女性说，她们的伴侣不想读我在《时尚芭莎》上发表的那篇文章,他们要求她们直接解释给他们听:"给我浅显易懂的《读者文摘》版。"改变不是这样发生的,我们应该要求我们的盟友做得更多。我们需要偶尔享有不必手把手教导他人的自由,这样才能尽情运用双手追求进步。只承担自己的责任(放下别人的责任)并不容易,但是为了进步,为了各层面的平等,这是值得的,也是必要的。

那么,我们该从哪里开始呢?当大家期待一方或一个人永远承担一切责任时,我们如何处理情绪劳动及其带来的不平等呢?我无法明确地回答那个问题,但弗里丹的主张再次吸引了我。她决定在后来的著作《第二阶段》中回头探讨之前未探究的议题。"在问题变得政治化之前,应该先从个人的角度问起。"弗里丹写道,"男性和女性都必须面对人性需求(对爱、家庭、工作意义、人生使命的需求)和当今职场要求(我想在此补充"外界"要求)之间的冲突。"① 她回顾女权运动的发展历程中,家庭和女性迷思中依旧没变的部分,并看到在政治改变之前,个人必须先改变的方式。文化、政治、职场的改革都是必要的,也是可行的,但前提是个人要先有意愿做出必要的改变。创造变革,我们需要学会在生活中重视这项劳动,我们必须从孩子、伴侣、自身开始。

---

① Betty Friedan, *The Second Stage* (New York: Summit Books, 1981), 157.

第三部分

往更平衡的男女之路迈进

第十一章

先天vs后天：女性真的更擅长这些吗？

　　我和罗伯可以说是一起长大的，我们在高中时期就相识，从青少年到成年一直在一起。这种青梅竹马的恋情通常不容易开花结果，但我们不仅在那段蜕变时期一起成长，也平稳地进入一种很难得的包容先进的关系。虽然把一段感情从少年呵护到成年势必有些辛苦，但这种感情也有一些显而易见的好处。最明显的好处之一是，我们拥有难得的机会可以从头塑造我们在这段关系中的角色。我们少了独自摸索的时间，也不会受到过往恋情的影响（这里不算我中学时期认真交往过的一位男友，我曾和他在校外旅行中卿卿我我，在走廊上手牵手，但从未在校外约会过）。我和罗伯交往时，完全没有任何包袱或先入为主的想法，这是一种令人兴奋又充满未知的组合。我们很早就知道，一起打造共同的生活需要灵活调整，也要乐于妥协。如今回顾相识十四年来的岁月，我觉得我们很顺利地度过了一道又一道的难关。我们一起打造了一个家和一种生活，从大学时期承租的一室一厅公寓，到现在拥有一间大房子，还共同养育了三个孩子、一条狗和一只猫。我们携手创造了这一切，过程中开诚布公地交流，至少我是这么想的，但为什么我们在管理家务、承担责任、彼此交谈上依然会陷入失衡？情绪劳动的落差究竟来自何处？为什么我那么多年后才真正意识到这点？

我和女性朋友、母亲、姑妈、姨妈、祖母交谈时，她们都确切知道我在说什么，但罗伯却很难理解。即使是以前从未听过"情绪劳动"这个词汇的女性，只要听我举个例子就马上懂了，例如告诉伴侣一件基本的家居用品摆在哪里，仿佛他是家里的另一个小孩似的。有些人会说，"感情就是这么回事""男人就是这副德行""这就是父权制""这就是人生"。这些评语不尽然是错的，这本来就是异性恋关系、与男性互动、父权制、日常生活的一部分。然而，小心翼翼地调节自己的感受、管理自己的情绪、仔细打理他人生活的细节时所衍生的失落感，让女性特别有共鸣。我告诉她们，这就是情绪劳动。

我认识的每位女性都知道这项劳动，但是当我说这种分工可能改变时，有些人表示怀疑，甚至完全不相信。"这种事情要是我不做，就没有人会做。"我听无数女性这样说，而且一字不差（我确定我以前跟闺蜜诉苦发牢骚时也说过这种话）。女性对男性抱有一种很深的不信任感，她们觉得即使是最好的伴侣，也不可能"开窍"。她们认为男性不仅不愿做、也不会做她们做的事情。大家普遍认为，即使男性愿意承担更多的情绪劳动，他们也不知道该怎

196

么做。男女先天如此不同，所以追求平衡是不可能的。长久以来，男性和女性都习惯相信这种"神话"，认为女性先天就是比较擅长这类事情。

我检视过我自己的感情和婚姻关系，有时也会怀疑那个说法是不是真的。我和罗伯一起长大，我们都是一张白纸的时候就在一起了，就像人们理想中的那样，但我们依然在不知不觉中陷入那种模式。我是因为先天就擅长这些事情，所以自然而然地承担起了这些任务吗？这样问似乎很合理，毕竟我先天就比较有条理，比较容易注意到哪些事情该处理，比较熟悉孩子的情感需求，不是吗？也许不是。我问米歇尔·拉姆齐博士（Michele Ramsey），有多少情绪劳动是先天的，有多少是后天的。她很快就回复，她认为情绪劳动几乎百分之百都是后天培养的。

"孩子三岁的时候，就明白性别角色，包括他们'该'做什么、不该做什么。我们知道，孩子的理解能力比多数人所认为的还要强大，而且大多数孩子从小就接触大量的媒介内容（或接触那些已经吸收了大量媒介内容的孩子），所以他们很早就学会了性别角色。"她说，有些女性可能不同意这种说法，她们说两三岁的儿子"先天"就喜欢卡车，女儿"先天"就喜欢洋娃娃，但那种看法完全忽视了那些性别信息很早以前就潜入孩子的意识。孩子随时随地都可以接收到那些性别讯息，从家庭、朋友、媒体、宗教、教育等，根本无从避免。人类会模仿自己熟悉的行为。从小到大，我们所处的文化都在持续灌输我们——情绪劳动是属于女性的领域。

波利娜·坎波斯（Pauline Campos）是第一代和第二代的"非

裔／拉丁裔”美国人。她的父亲是移民，母亲在美国出生，但在墨西哥长大。在成长过程中，坎波斯并不知道“情绪劳动”这个概念，如果说她对情绪劳动有些许的理解，那应该是源自一句俗谚：Si el esposo es la cabeza, la esposa es el cuello（如果丈夫是头，妻子就是脖子）。那句话是在挖苦男人掌权的概念，因为实际操控整个局势的还是女性。不过在她的家庭中，有一件事情是女性无法掌控的，亦即大家默认女性该扮演的性别角色。坎波斯是五姊妹中的老大，她回忆以前她和妹妹都必须好好伺候来她家造访的任何男性。约会对象来家里接坎波斯出去时，一个妹妹会先端出薯片来招待他，另一个妹妹会帮他倒饮料。“如果他想续杯的话，我爸会示意我妹为他加满开水、汽水或他想喝的任何饮料，让他等我准备就绪，仿佛他是餐厅里的顾客似的！”[①]

坎波斯说她的父亲从未帮孩子换过尿布，坎波斯却从八岁开始就要照顾小婴儿，她常负责叫醒妹妹，帮妹妹准备上学的东西，好让母亲可以暂时抽离忙不完的累人家务。她告诉我：“一直以来都是这样的。”即便是现在，她还是很难分辨她在婚姻关系中为丈夫做的一切情绪劳动。她说，由于从小成长的模式，她需要从“第三方的视角”才能看清那些她已经习以为常的不被看见的劳动。坎波斯说：“我丈夫主动打扫或帮我带孩子，让我有机会休息时，我还是很诧异，因为感觉他好像帮了我一个忙，而不是做了我的育儿伙伴该做的事。”

大多数女性或多或少都已经习惯了把情绪劳动视为生活的一部分。我看着母亲操持家务，打理三餐和生日派对，带我们去看医

---

① 2018 年 3 月 7 日接受笔者采访。

198

生、约牙医定期检查，寄生日和圣诞贺卡给每位家人。我记得以前夜里是她躺在床上听我说话，也记得我在青春期筑起情绪高墙时，是她不断地想要穿越那堵墙，跟我沟通。我记得她为每个人熨烫衣服，也记得我年纪够大时，帮她叠衣服并把洗好的全家衣物收入衣柜。我没注意到她承受的精神负担，但我知道我需要任何东西时都可以找她，无论是毛衣还是橱柜里的零食。她默默地承接这些零碎的琐事，日复一日，年复一年。我从母亲的身上了解到外界期望我展现的行为模式，也从我父亲身上了解到我将会在伴侣身上看到的行为模式。在我看来，父亲是一个分担家务的男人，他会在毫无特别的时机带着鲜花回家，随时准备好带给孩子欢乐，但他从来不是那个负责情绪劳动的人。母亲才是掌控全局、下达指令、促进全家欢乐的人，但她从未因此获得承认。我以前完全没意识到这些，但我无法假装那些事情对我现在打理家务、家庭、婚姻关系的方式毫无影响。

然而，现在我也改变了成长过程中很多习以为常的事情。虽然我的童年没什么问题，但我从小被灌输的观念是女权主义是一个糟糕的词汇，并看着周遭的人把传统的性别角色吹捧成信条。不过基本上，我和丈夫已经能够摆脱这些停滞落伍的传统角色设定，培养出与我们父母辈截然不同的关系，就像我们上一代的关系也和他们成长时目睹的关系截然不同。然而，即使时代不断地更替，情绪劳动仍是每代人中固定不变的要素。即使我们跟伴侣谈论情绪劳动，一切似乎也不会改变。我们在许多与美国迥异的文化和社会中都看到，情绪劳动是许多感情关系中固定不变的要素，这可能使大家误以为，男女之间的情绪劳动分工在某种程度上是预先注定的，甚至是先天的。文化可以完全地说服我们相信这些都是我们先天的角色，即使事实并非如此。越是深入探究，越可以清楚看出，在情绪劳动方面，后天的养成每每胜过先天的性格。

最初，我开始研究及思考可能帮我们走出情绪劳动困境的不同伴侣模式时，先锁定的研究对象是母系社会。但很快我就发现，那种思维方式有缺陷。颠覆我们的文化脚本，锁定那些女性主导的文化，并不能解决情绪劳动失衡的根本问题，只不过是把角色颠倒而已。只有平等的结构才能指引我们摆脱这种混乱。于是，我找到了人类学家巴里·休利特（Barry Hewlett）的研究"世上最棒的父亲"：阿卡部落的男人[1]。阿卡俾格米部落约有两万人，以采集狩猎为生。他们并非不分性别，但确实颠覆了我们所认知的传统性别角色。休利特发现，阿卡人是他研究过的最平等的父母。男人和女人的角色在家中及狩猎中都是可以互换的，男人可以轻易承接照顾孩子的角色，不需要女人管得太多太细，而女人外出狩猎时，往往表现得比男人更出色。阿卡部落的每个人似乎都不需要有人要求，就知道自己该做什么以及怎么做那些事情，尤其养儿育女方面更是如此。

我们可能一直认为母亲或其他的女性异亲（亦即非亲生父母）是最自然的孩子养育者，但阿卡部落的男性在养育孩子方面，完全颠覆了生物学上的争论。住在阿卡部落期间休利特注意到，母亲不在时，男性哺乳（或至少以乳头作为安抚工具）是男性安抚婴儿的正常方式。男人凑在一起过"男人之夜"时，他们一边把婴

---

[1] Barry Hewlett, *Intimate Fathers: The Nature and Context of Aka Pygmy Paternal Infant Care* (Ann Arbor: Univ. of Michigan Press, 1991).

儿抱在胸前、一边喝棕榈酒的情况并不罕见。休利特发现，阿卡父亲在孩子身边的时间高达47%，比其他地方的父亲更亲近孩子。男性担任主要照护者没什么好丢脸的，因为他们不觉得女性本来就应该"自然地"承担那个角色。父亲和婴儿之间的亲密是常态，就像母亲和婴儿一样。这让人不禁想问，我们那些自以为"天然"的西方观念，究竟是从哪里来的？

事实上，我问多数女性她们为亲子关系投入的情绪劳动时，她们确实认为自己在这方面比伴侣略胜一筹。她们有较强的直觉，更能迅速察觉情绪和干扰，也比较了解孩子的需要。她们"先天"就对周遭的人比较温和体贴，至少她们是这么想的。但科学无法佐证女性先天就比较体贴或擅长养育的说法。斯坦福大学同情心与利他主义研究教育中心（Center for Compassion and Altruism Research and Education）的科学处处长艾玛·赛普拉（Emma Seppala）提到，广泛的研究发现，其实女性和男性有同等的同理心，但由于他们社会化的方式不同，表达的方式可能也不同。赛普拉在加州大学伯克利分校的《至善杂志》（*Greater Good Magazine*）上撰文指出："同理心是先天的特质，诸多研究并未发现它存在性别上的差异。经过文化的演变，女性的同理心是通过养育及紧密联结的行为来表达的。经过传统的演化，男性的同理心是以保护的行为来表达的，以确保生存。"[1] 在社会化的过程中，男性把男子的阳刚气概和攻击性、情感压抑、保护、养家糊口联想在一起；女性则是把

---

[1] Emma Seppala, "Are Women More Compassionate Than Men?," *Greater Good Magazine*, June 26, 2013, https://greatergood.berkeley.edu/article/item/are_women_more_compassionate_than_men.

女性的柔和气质和情绪劳动、关怀、养育与抚养孩子、顺从联想在一起。这是女性很容易把情绪劳动融入生活和身份之中的原因，即便男性也有相同能力，所以这是后天养成的，并非先天如此。

某些文化可以证明，平等的社会是如何和谐又自然地处理情绪劳动的，但它们无法教我们如何在自己的生活中把这种模式落实。阿卡部落的生活不受西方文化的影响，不像我们不管想不想要，都会受到几百年来根深蒂固的思维制约。意识到这种传统制约是一回事，扭转那些制约效应又是另一回事了。不过，我们可以从一个现代的例子中寻求指引：冰岛。

许多北欧国家在近几十年来变得更加平等，但冰岛走向平等的速度之快，可以说独步天下。如今冰岛被誉为全球最女权的国家①，但它登上这个宝座的时间并不长。事实上，冰岛直到过去十年，才真正从男子气概的维京文化，转变为如今众所吹捧的平等乌托邦。虽然大家对于冰岛是否落实了完美的女权主义仍莫衷一是，但无可否认，这个号称工资性别差异很低、职场环境最适合女性、国会的女性席位占48%、国家元首是女性的国家，确实有一些值得学习的地方。冰岛也有全球最慷慨大方的产假及陪产假政策。

冰岛与美国一样，在2008年全球经济衰退的危机中受到重创。当时，冰岛的领导人明显看出，冰岛要想重新站起来，政府就必须改变。然而，诚如李普曼在《聆听女性：职场中的性别沟通》中所说的，每个国家采取的方式有明显差异。"在美国，那些造成

---

① Julie Blindel, "Iceland: The World's Most Feminist Country," *The Guardian*, March 25, 2010, https://www.theguardian.com/lifeandstyle/2010/mar/25/iceland-most-feminist-country.

经济崩溃的人依然在岗位上呼风唤雨。在冰岛，那些男人被判入狱，由女人接掌他们的位置。冰岛的三家银行中，有两家任命女性为新行长。冰岛政府全体请辞，包括总理在内。"①经济危机所引发的不满声浪，促成冰岛国会大幅改革，并于 2009 年选出首位女总理约翰娜·西于尔扎多蒂（Jóhanna Sigurðardóttir）——谈及擅长情绪劳动的人就不得不说，西于尔扎多蒂不仅是公开的女同性恋者，以前也当过空乘人员。她上任后，迅速推动公司董事会中女性董事的比例至少要达到 40% 的规定。她也在财政部设立了一个名为"性别预算"的新部门，以确保所有的预算决策都要考虑到男女平权，使国家在男性和女性身上的开支不会陷入失衡。她也协助禁止脱衣舞俱乐部，推动减少人口贩卖的立法，并在她担任总理期间，使同性恋婚姻合法化。她的目的显然是为了推动女权主义，但她指出，不了解男性就无法解决性别不平等的问题。"男人需要了解，平权不仅仅是一个'女性议题'，而是攸关每个家庭乃至整个社会。"西于尔扎多蒂接受国会女性峰会（Women in Parliaments）的采访时如此表示："女性在劳动力市场上遭到某种不公对待，例如工资很低时，她的整个家庭都会遭殃。如果福利问题不是我们努力的优先目标，那就会变成一大社会问题，危及儿童、老人、残障人士，进而危害到社会的多数人。"②

世界经济论坛每年评比"最适合女性居住的国家"，冰岛的排

① Joanne Lipman, *That's What She Said: What Men Need To Know (and Women Need to Tell Them) About Working Together* (New York: HarperCollins, 2018), 224.

② "Jóhanna Sigurðardóttir: 'Gender Equality Did Not Fall into Our Laps Without a Struggle,'" Women Political Leaders Global Forum, February 27, 2014, https://www.womenpoliticalleaders.org/j%C3%B3hanna-sigur%C3%B0ard%C3%B3ttir-gender-equality-did-not-fall-into-our-laps-without-a-struggle-1989/.

名稳步攀升，已连续十年蝉联榜首。目前冰岛由新总理卡特琳·雅各布斯多蒂尔（Katrín Jakobsdóttir）执政，进步的脚步并未停歇，最近冰岛还实施一项法律，规定男女同工不同酬的公司非法。如果一家公司不能证明其工资制度是公平的，它将面临每日最高五百美元的罚款。[①] 深入探索哪些因素能让冰岛成为世上最适合女性居住的地方时，李普曼发现，虽然许多统计资料有助于冰岛攀升到榜首位置，但真正让冰岛与众不同的，是冰岛男性截然不同的态度。事实上，她发现多数冰岛人不认为自己的国家已成为女权主义或平等乌托邦。男性虽然乐见女性达到平等地位，但他们并不觉得女性已经达到平权。男性也不觉得自己受到了过去十年强势发展的女权浪潮迫害。事实上，正因为如此，他们认为许多美国男人是软弱的。相较之下，冰岛男性的男子气概与平权承诺是紧密地交织在一起的。她采访的多数男性都自信地宣称自己支持女权主义，这种团结一致的精神似乎正是推动冰岛向前发展的原因。男性和女性都希望看到一个更平等的社会，他们都准备好了，也愿意为实现这个目标而奋斗。

希望一次政治改革就迅速促成性别平等的改变，达到类似冰岛那样的成果也许很难，但如果我们可以改变个人观点（长久以来使我们一直陷在情绪劳动的失衡状态、停滞不前的负面叙述），我们也有可能在不久的将来看到那样的变革。只要男性和女性都抛弃"情绪劳动是先天的而非后天的"这个束缚性别角色的概念，

---

① Ivana Kottasová, "Iceland Makes It Illegal to Pay Women Less Than Men," CNN Money, January 3, 2018, http://money.cnn.com/2018/01/03/news/iceland-gender-pay-gap-illegal/index.html.

我们就可以一起善用情绪劳动的力量，让这种宝贵的技能对大家都有利。这表示女性不能再一心觉得自己就是先天比较擅长，而要相信伴侣可以把这些技能学得跟我们一样好，甚至在某些领域表现得更出色。女性需要相信男性会把事情做好，而不是想当然地认为，只要女性一放手就完蛋了。也许那些真的会完蛋，几乎一定会完蛋，但是只要给予足够时间、空间和希望，事情还是会有起色，而且会愈来愈好。为此，男性需要停止假装自己无法胜任，并学习这些技能，即使这些技能并非"与生俱来"。他们需要了解伴侣正在做的事情，适时地承接那些任务。身为成年人，无论男女，我们都需要把情绪劳动视为自己的责任。这是我们化解失衡的方式。

我知道这是一剂药方，是因为我现在正过着"彼岸"的生活。我和罗伯目前处于情绪劳动平衡的状态，这种模式在大多时候是有效的。在我写这段文字的当下，他和三个孩子正在他的父母家。今天早上我从图书馆出来回家后，他已经自己把孩子打理妥当，叠好衣服并收进衣柜，碗盘洗好了，家里也打扫得很干净。这些都是他主动自发做的，我没有管得太多太细，没有帮他列待办清单，也没有提醒他孩子一整天都需要什么。我完全没有插手任何事情，也不需要开口要求。

或许，我应该先回头补充说明一下，罗伯到底经历了那些改变。上次我提到罗伯时，我说家里好像火山爆发，食物、玩具、衣服丢得到处都是，但他好像毫不知情，径自出门去骑单车。或者，我应该回顾更早之前，回到我本来以为他已经在改变的时期——因为他确实在改变，但没改变的是我。在我日益忙碌的工作日里，他承接了越来越多的家务，想办法送孩子上学，确保孩子都吃饱了，衣服都洗了，家里也打扫了。他可能没有一套像我那样的组织系统，但他已经设法打理一切，把事情做完了。对此我很感激，但坦白讲，我也常因为事情没照着我的方式完成而感到失望。有些事情只要我不动手，就会搁着没人做，他的情绪劳动似乎是断断续续的，我也搞不清楚为什么。所以，我试着跟他沟通这件事（其实是对他唠叨），我在表达谢意后，接着又建议他怎么做比较好。每隔一周，我都会尝试实施新的系统，例如轮换家务表、采用杜芙建议的"管理 Excel 清单"（Management Excel List）。对此，他似乎不太感兴趣，于是我的挫折感与日俱增。我想他也是如此，虽然他丝毫没有透露半点不满。

其实我一直在想办法改变他的行为和观点，因为我以为他的行为是问题的核心，以为女性是唯一拥有这些技能的人，也以为我可以有效地教他那些技能，以减轻我的精神和情感负担。如果我俩在情绪劳动的能力上看似差异明显，那是因为我们从小接受的教育方式不同，那表示我需要"教育"罗伯，让他变得更像我，像我一样思考，像我一样解决问题，像我一样做情绪劳动，毕竟我太擅长这些事情了。当我是唯一负责这些的人时，我有一套很有效率的系统。我心想，他应该无法靠一己之力来弥补三十年来不同的社会化过程对他产生的影响吧？

基本上，我一直在两种模式之间摇摆不定：想办法让罗伯符合我的预期，然后等着看他失败。在本书出版之前，我需要"改正"我们，否则我根本是在睁眼说瞎话。我问罗伯，他觉得我们该怎么做，他说他不知道，他不明白自己还有哪些地方没搞懂。于是，我开始进行类似社会实验的新方案，然后等着看无可避免的灾难发生。罗伯可以感觉到，我认为他无法像我那样承担情绪劳动。他说，他做得再多，好像永远都不够。他知道他那样说确实有几分道理，因为除非他用我的方式做每件事，否则我总是能够吹毛求疵，找到可以挑剔的地方或应该重做的事情。我总是可以给他某种暗示，让他知道他欠缺把事情做好的必要条件。

我看得出来，他正在改变他觉得自己可以掌控的一切。我开诚布公地跟他沟通，想出上述方案，所以我以为我也在改变，但其实我根本没变。我试图在不改变自己的情况下，改变我们的关系动态，改变情绪劳动的平衡。我并未检视我自己的观念及想法是如何阻碍了我们前进，我并未检视自己的偏见：我以为我总是比较擅长情绪劳动，以为我的关爱和教育方式（很自然）总是最好的，以为罗伯无法自己熟练掌握这些技能。

看到我当初潜意识里执意抱持最后那个偏见，如今看来很不真实。毕竟我做过调查，我知道，即使没有人教导男人怎么做，男人也有能力承担情绪劳动。单亲爸爸没有伴侣为他做那些事情，所以他自然而然就担负起那个任务。英国的全职父亲兼博主亚当斯从未听过妻子教他如何管理家务最好，也没有人教挪威的软件工程师安博在他的同性婚姻中如何承担情绪劳动。是什么让这些男人与众不同，使他们比罗伯更能干？也许答案很简单，因为他们不是跟我结婚。没有人在背后看着他们，等着他们失败。他们有时间和空间去培养情绪劳动的能力，而我却在不加思索下，完全没给罗伯任何时间和空间。

我也很想说，最后是因为我有了这番顿悟并改变了我的做法，但事实并非如此。真正的状况是，我把自己搞得焦头烂额，不知所措，根本没有闲暇管得太多太细。我把自己锁在办公室，一整天都在写作，一整晚都在阅读，根本没有精力去关心衣服是怎么叠的。我专心工作时，无暇给罗伯任何建议，无法教他以更有效率的方式管理家务。我忽视了眼前的混乱，放任家里乱到极点，那感觉很痛苦，很糟糕，我经常暴跳如雷。有好几天，我都觉得自己像个睁眼说瞎话的骗子，不知道自己能不能把这本书写完，并假装我写的东西是有价值的。我觉得我正在假装情况已经变了，但实际上我和刚开始时一样沮丧。

后来有一天，我走出办公室，发现房子很干净——不是有点干净，不是罗伯认可但不符合我标准的那种干净，而是一切都在掌控中的那种干净，虽然不完美，但已经很棒了。接着，我意识到，我已经一整个礼拜没有规划三餐了，今天是买菜日，我们得赶紧为晚餐做点什么。我打开冰箱想看看剩下的食材，这才发现，我虽然没有列买菜清单或三餐计划，但菜都买好了。于是，我开始回想过去那一周发生了什么事：我上次洗衣服是什么时候？上次检查孩子功课是什么时候？上次提醒罗伯为托儿所打包小被子是什么时候？上次要求罗伯做事是什么时候？我完全不记得了。我无暇投入家务时，罗伯已经完全承接了一切。事实上，他之所以承接这些事情，正是因为我无暇投入，而且他这样做不只是出于必要。

事实上，之前我的不断干预以及无意间的搅局，正是阻止罗伯信心十足地承担情绪劳动的原因。他知道我对他没有全然的信心，那种不信任导致了自我怀疑。他需要自己搞懂状况，需要时间和空间来培养能力，之后才会有信心承接这些长久以来由我负责的情绪劳动。他必须亲眼看到他能够接受挑战，不需要我等在一旁，默默（或不太安静）地以我几十年的经验来评判他的表现。现在他知道自己的能力了，我们可以从一个平等的基础开始努力，一起决定什么样的平衡最适合我们。那种平衡既不像我想象的那样，也不像我感觉的那样，但那是因为我仍在努力改变自己的行为和观点。虽然我很难克服内心的偏见，但我不认为女性先天就拥有一套优于男性的技能。

女性持续传递着一种错误的信号：男人就是搞不清楚状况；他们永远不会做女人做的事情；他们缺乏承接情绪劳动所需要的先天技能。这种错误的信号也束缚了男性。当你经常听到别人说你无能时，听久了就变成真的了。多数男人从来不会质疑伴侣的方法不是最好的，因为他们知道这是在自找麻烦。他们知道他们正踏入女性的地盘，女性很少腾出任何空间让他们自己探索情绪劳动，所以很多人就会产生"他们先天就不擅长做这些事情"的心态，他们生来就不善于叠衣服，也不善于注意何时卫生纸快用完了。他们生来就对烹饪、清洁、安排时间表一窍不通。他们先天就容易遗忘重要的日子，忘了买生日卡。这些是性格特质，真正的无能，完全无法改变，全是一派胡言。

男性和女性生来就有类似的情绪劳动天赋，但只有一半的人在成长过程中受过这方面的训练。或许表面上看来女性先天比男性更擅长情绪劳动，但这些技能是可以学习及磨炼的。只要我们愿意一起努力，为彼此的进步留出空间，男人没有理由不挺身而出，把情绪劳动也视为他们的领域。只要多加练习，假以时日男性将会发现情绪劳动的价值，因为那为他们开启了世界的另一面——一种全新的完整人格，让他们感觉与生活更紧密相连。

尽管我经历了无尽的失落，但我也看到积极面对情绪劳动的议题，而不是置之不理，是非常有价值的。虽然我和罗伯距离完美的平衡境界还很远，但我们离那个令人激动的目标愈来愈近。那不仅是因为我对情绪劳动有了更深的了解，也因为他也融入了他的观点和理解。我想，只要我们愿意结合男性和女性的力量，就能找到最佳的解决方案。如果我们想找到及扫除盲点与失望的根源，就必须邀请男性一起加入对话。但首先我们必须摆脱权力失衡、主观臆断和偏见，这样才能从平等的角度倾听彼此。我们需要知道如何谈论情绪劳动。

第十二章

开启与伴侣的对话

　　乔尼·埃德尔曼（Joni Edelman）对情绪劳动的概念并不陌生。她是女权流行文化网站 Ravishly 的主编，此前针对这个议题写过多篇文章，反复讲述她在家里从事情绪劳动的种种无奈：包括平时每天投入的情绪劳动是什么样子；假期时又是什么样子；她因流感而虚脱数日后，家里变成了什么鬼样子。她告诉我一些我再熟悉不过的感觉：躺在床上，发高烧，几乎没力气挪动身子，脑中却盘算着清理冰箱、帮狗预约看兽医的人选（答案是她，等她有体力站起来以后）。疾病不仅为她的身体，也为她的大脑带来了压力，在已经够厌烦的情况下又增添了恐惧。她说，这跟她丈夫生病时形成鲜明对比。他躺在床上，可以真正地休息和复原。他知道自己会得到很好的照顾，其他的一切都有人打理，甚至连想都不会想到那些事情。他不必担心身体康复后有堆积如山的任务等着他，因为任务根本不存在，除非有人要求他做那些。她丈夫害怕生病，只是因为生病很不舒服；她害怕生病，是因为病了会有更多事等着她完成。他们的经历天差地别，所以连谈论情绪劳动都很困难，甚至看似不可能。我问她，她和伴侣的情绪劳动对话是什么样子，她很快回应："我很失望。我一说，他就开始辩解，几乎每次都这样，完全说不得。"[①]

她说，有两件事情最常导致他们夫妻陷入僵局。首先，他觉得自己已经做很多了（注意，这是跟其他男人相比，不是跟她比）。再者他觉得，如果她真的那么需要"帮忙"的话，应该直接要求他做更多的事情。每次他这样说，总是令她怒不可遏，因为他根本不明白"要求"也是一种劳动，而且占情绪劳动中的一大部分，暗示着双方争战一触即发。

耐住性子处理这类情况，而不是把问题丢在一旁等下次再说，这种情绪劳动通常很辛苦。尽管我们的文化普遍认为男性比较冷静，不是那么情绪化，但女性在传达信号的同时，通常不得不小心翼翼地顾及男性的感受。当你提起你为某项任务付出的情绪劳动时，对方马上就会把你的话解读成你在攻击他不尽职，还会说你吹毛求疵、龟毛、讲话恶毒。你的话一说出口，男人往往会未经思考就马上为自己辩解，罗列他做了哪些有价值的事，暗示你提起任何情绪劳动和精神劳动的失衡都是不知感恩。太多的男人以为这世上只有两种伴侣：你要么是"好"的伴侣，不然就是"有待改进"的伴侣，完全没有模糊地带，尽管这两种现实是可以（也确实在）共存的。

[①] 2018 年 3 月 13 日接受笔者采访。

又或者，你可能会遇到对方抛出一句"我不知道你在说什么"。对许多男性来说，情绪劳动是很陌生的概念，难以理解，因为那从未直接影响过他们。他们不想琢磨"情绪劳动"这个新概念，只想解决眼前的争吵。例如，为那个搁在衣帽间地板上的塑料储物箱而吵，为你总是得负责安排育儿和课后活动而吵，为怎么把碗盘放入洗碗机而吵。这些争吵似乎都是为了一些微不足道的蠢事，那是因为其中一人是着眼于大局，另一个人则把焦点放在使她情绪爆发的最后一根稻草。想要回避男人的托词（"但是我做了那么多事情"或"我不知道你在说什么"）很花时间和心力，当下直接认命地心想"何必自找麻烦？"往往更简单。跟对方沟通令人沮丧，不跟对方沟通也令人沮丧，你只能进退两难，横竖都不开心。最后，你要么继续忍受那些让你难以招架的情绪劳动，要么承担起跟伴侣沟通的情绪劳动，但是沟通可能还是会让你回到原点，也可能不会。

女性谈论情绪劳动时，往往会陷入一种恶性循环：我们觉得负担太沉重而开口求助，所以才提起这件事；之后，我们厌倦了开口求助，因为交派任务需要耗费大量脑力，还得同时统筹全局；此外，我们开口求助时还必须小心翼翼，始终保持乐观，并考虑到对方的情绪状态；到最后我们往往觉得还是自己来做比较简单，于是我们又开始把一切揽在自己身上，直到我们又达到下一个临界点，又为了情绪劳动而跟伴侣发生一场无奈的争吵，但那些争吵从未触及问题的根本……如此继续地鬼打墙，无限循环，令人抓狂。

我们必须想办法打破这种循环，清晰地完成对话，才能一起持续前进，而不是在原地打转。谈论情绪劳动需要付出情绪劳动，但你不这样做的话，一切只会继续维持现状。除非我们用心去改变双方的平衡，否则承担所有情绪劳动所带来的压力是不会消失的。那确实是一种挑战，但我们已经做好了应对的准备。毕竟，我们这辈子都是在为这件事做练习。

此外，同样值得注意的是，对许多男性来说，那只是认知问题。很多男人努力追求平等的关系，只是以前我们没有谈论这种问题的语言。身为女人，这个主题本来就在我的个人经历中存在，但是对罗伯来说，这个主题仍然很陌生，因为他从来不必做这些事情或承认这些事情的存在。关于情绪劳动，在他成长的过程中，他接触的是全然不同的预期，而且在我们交往的十三年岁月里，我在很多方面也强化了那些预期。我从未打破那个系统，我自己也从未深入研究过情绪劳动的问题。成年后从零开始学习这些事情并不容易，对从未经历过情绪劳动的人解释情绪劳动也不容易。我觉得这是我们在谈论情绪劳动时常遇到障碍的原因。我们从两个完全不同的角度进行对话：一方对情绪劳动有深入的了解；但另一方对情绪劳动一无所知，而且他不是故意的。

母亲节那天，我在衣帽间里为了那个该收起来却没收的储物箱崩溃落泪时，我并未好好地表达我的情绪劳动问题。我只责怪罗伯没把事情做好，就好像他故意把我们之间的情绪劳动都推给我似的，但实际上他根本不知道我在说什么。当然，后来的情况有所改善，我终于把"不想开口求助"的心声说出口。把那种特别无奈的感觉用言语表达出来，会舒坦很多。

对我来说，虽然厘清问题的那一刻犹如转折点，但是对罗伯来说并不是同一回事。那次对话中，我并未对他做的一切表达感激，所以他接收到的信号是"你做得不够"，他听到那种信号时，很自然会想要指出他完成的所有任务，例如他半夜起来陪我们两岁的儿子，他现在正在擦洗浴室，他每天晚上洗碗，他做了我要求他做的任何家务。我和闺蜜出游时，他从来不多说些什么，而是尽职尽责在家里照顾孩子。有时候我需要并要求他出去跑腿办点差事时，他甚至会带着孩子一起外出。为什么他做了那么多事情却还不够？

如今回顾他的论点，我可以清楚看出我们根本是鸡同鸭讲，我们是在讨论两件完全不同的事情：一方在讲体力活，另一方在讲情绪劳动。

当我们都冷静下来后，我们又继续沟通。我试着解释精神负担，以及为什么交派任务如此重要。我也试着解释，为什么打理家庭和生活等身心劳务，以如此累人的方式变得那么复杂。我想有一个同样积极主动的伴侣，我不能继续交派任务，然后假装我们是在维持一种平等、进步的关系。分摊家务后，我还是得提醒他只做分内之事是不够的，因为所有的情绪劳动还是由我一个人独自承担。我告诉他，那种情况非改变不可。

他还是听得懵懵懂懂，没有完全明白，但是我前面说过，他是个好伴侣，他想要了解，所以我只要开口，他就会给我想要的帮助。但我没想到我的要求仍是错的，且错得离谱。

为什么我们该停止开口求助？

莫尼莎（Monisha）有两个孩子，她的故事对我来说再熟悉不过了。日常的情绪劳动给她的压力已经够大了，假日期间她承担的无形劳务，更是让压力加剧到无以复加。她对我描述订购家庭圣诞卡的过程以及每个步骤的注意事项。首先，必须挑出一张完美的照片，从众多家庭照中筛选出最合适的一张（照片中的每个人都面带微笑，看向镜头，角度上相，或至少尽量接近理想状态）。接着是挑选圣诞贺卡，那张贺卡不能太宗教化或太搞笑，不能太这个或太那个。通讯录必须更新，你还必须仔细考虑需要把谁加入新名单中。你也必须追踪姓名变化、地址变化、离婚与死亡，等等。之后是实际寄送贺卡，糊上信封，购买邮票和地址标签。每张卡片都需要一些个人化的书写。这是很累人的流程，而且这项任务只能算圣诞节期间的一桩小事。

她也描述假期购物的流程，以及思考每个人想要什么，不仅是她的两个女儿或娘家亲人，还有婆家的人和他们的孩子。我们该送投递员、老师、邻居什么？圣诞老人该送我们什么？父母该送什么？如果我们不在家过圣诞节，怎么运送圣诞老人的礼物？娘家和婆家的老人都问她，两个女儿想要什么圣诞礼物，她和丈夫想要什么；或许她也可以顺便建议一下该送侄女侄子妯娌或儿媳妇什么东西。莫尼莎说，这些询问常让她陷入困境，不知道该不该透露她心中最好的送礼点子，因为她一讲出来，自己又得重新选礼物。

她说："这种事情最后变成长达数小时的深思熟虑。你不断地思考其他人想要什么或需要什么，并把那些点子都奉送给别人……"①

她把一些包装礼物的任务交给丈夫，并在几位妯娌的协助下，规划假期的聚会活动。但她看起来真的很需要帮忙，她告诉我这一切时我忍不住笑了，因为听起来跟我现在的生活一模一样。我问她是否（跟我一样）也是"装饰负责人"，知道什么节点该陈列哪些怀旧物品，而且还有一套自己的系统，在假期结束时把所有东西都收藏妥当。

"那当然。"她说。

这种一碰到假期就忙得焦头烂额的母亲"任务"，我再熟悉不过。（我自己还多了12月中旬帮儿子规划生日，12月下旬帮侄子和父亲规划圣诞节生日的乐趣。）大致上来说，我很喜欢营造假期的欢乐感，那是令人愉悦的事，但长久以来，我也渴望伴侣能够和我一起完成这项任务，只要帮点小忙就好，但为什么就是做不到呢？

直到最近我才意识到，这种想法正是导致我们的对话一直在原地打转，导致情况好转一阵子但几周后又恢复原状的原因。我会开口向罗伯表示我需要帮忙，我甚至会告诉他，我希望我不必开口要求，他就主动帮忙。接着，他会想办法帮助我，他会注意我常处理哪些事情，以帮我减轻负担。例如，我们全家去南瓜园一日游时，他会帮忙打包；他洗了很多衣服；我们需要婆婆帮忙带孩子时，他会打电话给他的母亲；他会跟我要购物清单，然后自己去超市。有一段期间他会做得很好，但是当我看起来压力减少时，

① 2017年11月9日接受笔者采访。

他也开始跟着懒散。他只在我看起来需要帮助时才主动帮忙，但很多时候我看起来不需要任何帮助。我已经很习惯自己做很多事情了，以至于我营造出一种假象，好像我承担所有的情绪劳动也没关系，即使我根本是在苦撑。

问题的根源在于：我要求的东西不对。事实上，我不需要"帮忙"，我需要的是通力合作的伙伴，这两者之间是有区别的。帮忙意味着"这不是我的工作""我是帮你一个忙""这是你的责任"，帮忙意味着助人者特意腾出空当去帮助进度落后的责任方。既然我们一起生活，为什么只有其中一方是责任方？相反地，通力合作的伙伴是指不需要指派工作，也不需要在过多的细节上悉数过问，那也表示我们对于"谁该做什么""谁该负责"的观点有重大的转变。那抛弃了"帮忙"的概念，并以一种平等的方式承担责任。那意味着打破家里的阶级制度，即便我渴望那种掌控感，但相较于我的完美系统，我们更需要的是双方处于平等地位。当我们启动有关情绪劳动的讨论时，我们需要清楚知道自己应要求什么，因为要求"帮忙"不是我们想要的。要求"帮忙"就像在骨折处绑绷带，我们需要的是完全重置，那不仅意味着改变伴侣的观念，也意味着改变我们自己的观念。

我在《时尚芭莎》发表的那篇文章提到，我想要有一个同样积极主动的伴侣。就某种意义上说，这是真的，我只是没写出那个事实的延伸版本：我想要一个同样积极主动的伴侣，以跟我一样的方式做每件事，接受我的严苛标准，以我从小习惯的方式逐步执行。我最需要的是一个百依百顺的助手，那才是最"理想"的方案，因为那样一来，我就不必处理我自己的问题了——完美主义、控制狂、微妙的偏见、社会化制约。

　　要求通力合作的伙伴、而非"帮忙"，意味着双方都必须有所行动。但那不表示在做那些让一切运作顺利的实体任务时，双方互相妥协，各让一步，而是指正视种种偏见以及那些半真半假的说法，例如男性之所以不擅长情绪劳动是因为缺乏女性的逐步指引，或是女性先天就比较有条有理、需要一切都干干净净的。（对于要不要完全放弃这项执着，我依然犹豫不决，但我正在努力说服自己。）我们必须寻找自己的盲点，并于发现盲点时接纳它。我们必须努力改变自己，这样一来，我们要求伴侣改变时才公平。

从环顾大局开始

　　三月某个寒冷的早晨，远在母亲节之前，我拉开卧室的窗帘，望向后院。我穿上外套和靴子，踏上结了霜的草地，手里拿着iPhone，为庭院中的狗屎拍照，一股熟悉的怨恨感涌上心头。后院到处都是狗屎，确切的数字是十五坨，都是拉布拉多犬拉的，已经结了霜。我愤怒地为每坨屎拍照存证，手指都冻麻了，但满腔怒火驱使我继续拍下去。我也为布满狗屎的后院拍了一张全景，并为每坨屎拍了特写。没错，我浪费了很多时间，而且我必须在保姆来之前把这些狗屎清理干净，即便如此，那也未阻止我拍照。幸好，那些照片花了很长的时间才全部上传，我本来打算一大早就发消息痛骂罗伯，因为照片上传的时间拖了太久而作罢。那不是值得我拿来大说特说的时刻，也不是讨论情绪劳动的好方法。

我之所以想用如此激进的方法来传达这件事情，是想让罗伯了解我希望他主动注意到这种事。前一天，他整个下午都在后院修理山地车，我以为他已经把这件事情搞定了。我想传达的重点是，我应该能指望他完成那项任务，他应该注意到那些显然需要动手的事情，不需要我开口，他就主动完成。

当天他下班回家后，我用没那么激进的方式告诉他，如果他不打算在早上保姆来之前洗碗或清理狗屎，应该先知会我一声。他知道我的言下之意是：可恶！你应该做那些事情。他一听我讲完，就马上开始辩解，说他就这次忘了而已。如果完成这件事情那么重要，为什么我不干脆开口要求他？为什么他做那么多事情还不够？我不禁想要反问：为什么我一定要开口要求你做一切事情？为什么我指出这个问题，就好像否定了你做的其他事情？这件事和你做的其他事有什么关系？我是哪根筋不对，怎么会想再次跟你沟通这个问题？

谈论情绪劳动时，免不了会陷入这种胶着，因为每次争论几乎都是一些小事引发的，例如搁在水槽一整夜的盘子；即使你一再唠叨提醒，邀请函始终没有回复；你出差回家后，发现家里一团乱。有成千上万件小事需要处理，成千上万个小问题有待解决，例如把衣服放进脏衣篓，牙膏盖别乱放，在你妹生日那天打电话给她，等等。别让我提醒你做每件事，你要自己去预约，并把预约的时间记在日历上。每次孩子需要换尿布时，不要等着我。你也可以喂饱孩子。你应该主动行动，做这件事，不要做那件事。男性结束情绪劳动的讨论后，常觉得自己遭到攻击，也许那种感想并未偏离事实太远。

无论女性是不是有意的，男性常觉得情绪劳动的讨论好像都是对他们进行人身攻击。即使女性在用字遣词及语气上已经跟平常一样小心，但女性谈论情绪劳动时，说的往往还是男性需要改变什么、男性做哪些事情导致了这种状况、男性在哪方面可以做得更好。然而，当女性试图把谈话从情绪劳动的细节转移到更广泛的脉络时，伴侣往往会失去焦点，他们无法明白女性看到的关联，不懂女性究竟在讲什么。

女性在这个语境中谈论大局时，常把焦点放在情绪劳动对其关系和生活所产生的相互影响上。那对很多男人来说很难理解，因为他们从未经历过。他们看不见情绪劳动如何消耗了女性的个人精力，从时间、心神到情绪复原力，那些消耗不仅阻碍女性过充实的生活，也让伴侣借由牺牲她们来成全自己的舒适生活。男性只看到女性的怨恨，以为那只是因为他们忘了某个小细节，例如碗盘没洗、没预约兽医、在超市忘了买一两项食材。男性不像女性那样把情绪劳动视为一个整体。对男性来说，邮件分类、记录待办事项、洗衣服、列买菜列表等任务之间没有明显的关联。但我们看到派对邀请函时，就知道应该马上打开，回复要不要出席，并把它记下来，然后确保每个人参加派对的衣服都准备妥当，礼物和贺卡都及时采买了。一项任务往往会带出许多待办任务，因为女性把每项任务放在更全面的语境中来看。男性则是把每项任务分门别类，仿佛彼此毫无关系。他们不明白为什么女性会被精神负担压得喘不过气来，不明白他们的行为为什么需要改变，也不明白这有什么大不了的。

这不是因为情绪劳动这个概念太大，以至于他们无法理解，而

221

是因为女性没有把情绪劳动放在足够大的语境中。如果我们想要看到改变，我们需要先看更大的全局，之后才把讨论拉回个人层面。这是一个文化问题，需要文化上的变革。男性可以，也应该帮我们领导那样的变革。

当我们的关系终于开始改变时，并不是因为我对保持厨房桌面整洁很重要的反复强调已经发挥了作用，而是因为我们俩终于针对情绪劳动做了几次真实又有成效的对话，那些对话不再只是围绕着日常无奈的那些细枝末节。我们终于开始讨论这种失衡的出现不是因为我们两人做错了什么，而是源自不同的成长方式、文化对我们的不同预期，以及一些微妙的负面规训在不知不觉中对我们产生的负面影响。把我们的失衡视为更大的文化问题的一部分，我们就不会再怪罪个人，也可以各自检视自己背负的包袱。现在我们可以慢慢地解开每个包袱，以避免把那些包袱也传给孩子。

环顾全局时可以看出，罗伯可以立即理解的最重要部分，是养儿育女那一块。展望孩子的未来，也是一种谈论情绪劳动的好方法。当我说"让我们为孩子改变"时，那蕴含了一种更宏大的使命感，不只是为了让我的生活更轻松或是让罗伯变成"更好的"伴侣而已（虽然这些也是不错的使命）。如果没有孩子，我们改变情绪劳动失衡的首要原因是为了我们的健康和幸福以及我们的关系——这些事情非常重要，但无可否认，为人父母的责任感让我们更容易约束自己，因为我们知道我们的行为正在塑造孩子对世界的理解，我们是孩子的榜样，我们想为孩子树立一种行为模范，让他们将来成为成功、快乐、适应良好的人。我希望儿子和女儿都有情绪劳动的技能，将来都有真正平等的伴侣，理解他们并与他们一起打造让双方都感到充实满足的人生。我不希望儿子的伴侣还要提醒他在我生日那天打电话给我，我也不希望女儿觉得把所有家务交派给伴侣是她的责任，反之亦然。我希望他们生活在通力合作的伙伴关系中，我想让他们知道那是什么样子。如果他们决定不找伴侣一起生活，我也希望他们拥有独立的情绪劳动技能，尽可能把生活过得很充实，我希望他们可以从我们的身上学习。

环顾全局有助于开启沟通的新大门，我们不再执着于同一个争论点，而是开始了解我们的行为模式并从中学习。这不表示过程都很顺利、毫不费力。我们依然有争执，依然感到沮丧，但更重要的是，我们持续前进。从大局出发可以帮我们更了解小事，不会钻牛角尖。我们可以讨论共同的标准，因为我们知道彼此的标准因成长背景而异。我们因此成长，因为我们探索了问题的根源。

改变我们谈论情绪劳动的方式可以促成进步，但切记，最终我们只能改变自己。这是我们如此迫切需要男性积极参与对话，贡献其观点及解决方案，以借此充分投入的原因。如果你是男性，想要成为女性的盟友，想要获得真正平等的伙伴关系，想要理解及解决情绪劳动的问题，我很高兴你读到了这里。改变文化的潮向，也需要你们的投入。

不过，我们可以先稍微聊一下吗？

我认识很多好男人想帮忙解决这个问题，因为他们人很好，不想被视为问题的一部分。文化才是真正的问题所在，而不是个人，对吧？然而某种程度上，每个人都应该自省，我们是如何促成这种贬抑情绪劳动的文化，并把大部分责任都推给女性承担的。无论你是不是有意的，你本身就是问题的一部分——当然，这不是说你就是坏人或混蛋，我们都是文化和成长方式的产物，每个人都有盲点，然而我们都有能力挑战内在的偏见和根深蒂固的习惯，也都有能力改变。我们最需要男性做出的改变，是当我们告诉你情绪劳动如何影响了我们的生活时，希望你愿意真正地看到、倾听我们。我们需要你给我们讨论情绪劳动的空间，而不是向我们要求更多的情绪劳动。影响远比意图更加重要，而且重要性更胜以往。

女性谈论情绪劳动，不是因为她们喜欢唠叨，而是因为她们相信你可以帮忙改变当前的文化。如果她们不相信这点，她们只会持续跟闺蜜抱怨，继续在原地踏步。女性需要男性理解情绪劳动，理解她们的观点，帮她们朝着对每个人更好的平衡点努力。这不是谈论一次就能一劳永逸的对话，这种对话应该用来讨论彼此的不足，而且不能听到对方指出自己的不足时，就立刻跳起来辩解。这种对话让我们更深入了解彼此的处境，并朝着更令人满意的关系而努力。

现在我不再只是因为忍无可忍、出于无奈，而跟罗伯谈论情绪劳动，如今我把这种对话视为一种对他的信任，持续与他沟通。我放心地对他表达我的想法，相信他会重视我、珍惜我，更了解我的生活。我相信他会变得够强大、够脆弱，愿意与我分享他的现实状况，让我更深入了解他的生活经历，因为我知道我们的行动不仅源自我们对彼此的爱，也源自我们对彼此的理解。

第十三章

打造一种意识文化

"我不能再这样下去了。"我说。

我刚刚因为孩子犯了小错而厉声斥责，我能感觉到火已经蹿到了嗓子眼，我受够了！这是我早就熟悉的感觉，以后还会再次发生。

"不能再怎样下去？"罗伯问我。

"我不知道。"我环顾四周，注意到他显然没看见的东西。餐桌上堆满了杂物，孩子陷入争吵，我得迅速解决，脑中的待办清单已经无限延伸到天边。我回答道："所有的事情。"

他的反应是一半无奈，一半恐慌。难道我们的婚姻出了问题？我是不是得了产后抑郁症晚期？我是在为这次搬家心烦意乱吗？还是我陷入某种提早到来的中年危机，后悔自己的人生？

不，不，不……都不是。我一直在找贴切的词汇，但就是难以用言语表达。我想传达的事情那么多，词汇却如此匮乏。我的沉默不语显然令罗伯更加胡思乱想，且越想越糟糕，于是我随便搪塞了一个理由，进而对自己处理这件事的方式感到更加沮丧了。

"我只是累坏了，招架不住，今天太累了。"

这话根本不是真的，今天根本没有那么累，至少没有比平常累。唯一的差别在于，这天我已经到了忍无可忍的地步，因为我再一次崩溃地意识到，"所有一切"都是由我负责。我该如何用言语表达，他才会理解呢？我也不知道答案。当时我根本不知道"情绪劳动"这个词，不知道什么叫"精神负荷"，也不晓得我的处境一点也不特别，事实上，那是全世界女性最普遍感到的失落感。

现在我知道了，而且我并不孤单。我们正集体进入一个以情绪劳动为主题的时代，在这个时代中人们已经有了自觉的意识，也明白了自己可以从哪里开始改变。现在我们有一些词汇可以描述情绪劳动了，那个概念不再是一种抽象的挫败感，不再是一种"无名的问题"。从细枝末节到整体全局，我们都能清楚地看到这个议题，清楚界定那个贯穿我们人生许多面向、逐渐增加到令人难以招架的重担。我们可以通过情绪劳动，看到我们为这个世界带来的价值，看到那些抹杀成就感的失落点：精神上的疲惫，劳务的隐形，以及这种劳动的永不停歇。如今很多人因为能够看出情绪劳动的价值所在，所以也看到了进步。

舒尔特在著作《过劳人生》中，大量描写了大的文化背景如何影响了个人的举手投足。她告诉我，那本书的真正目的是向大家展示我们当前的处境，好让我们可以在个人及文化方面做出更好的决定。她撰写那本书时，情绪劳动尚未演变成今天这种普遍的术语，但她的研究促使她和丈夫检视了他们在情绪劳动方面的角色，并意识到她丈夫其实有能力为小孩安排夏令营，她也可以让他带孩子去看牙医，不需要为此感到内疚，更不用觉得自己这个妈妈不称职。舒尔特告诉我："现在好多了，因为现在我们有了一种可以谈论它的语言，以前我们每次讨论情绪劳动都会卡住，我生他的气，他则听我一讲就开始辩解，我们就僵在那里。现在我们是一起承担生活的这个部分！"[①]他们对情绪劳动都有了意识。

目前为止，我们的文化意识大多集中在情绪劳动涉及哪些，但是为了更充分了解什么对我们有用，什么对我们没用，我们必须深入探究失衡的根源。关于情绪劳动，我们仍坚持许多半真半假的说法和误区，导致我们和伴侣陷入僵局。如果我们只从表面看情绪劳动的问题，那只能治标，无法治本。所以关键不是男人挺身出来学习及调适就好了，女性也应该深入探究，了解自己对情绪劳动也有根深蒂固的执念，那些执念也需要放下。女性也需要改变自己的行为和思维模式。一如既往，改变总是从内在开始。

我必须意识到，社会制约使我习惯了以一种非常具体的方式，也就是"最佳"的方式来从事情绪劳动。这种方式不仅是为了周遭人的舒适，也是为了一种无法达到的完美境界。它设想了一种最有效率的精简状态，我幻想自己终有一天会在那些情绪劳动的帮助下冲破障碍，感到自由。如果我的行程安排节奏是完美的，我们繁忙的家庭时间表就不会变成压力来源。如果我找到规划与准备三餐的最佳方法，就不会为了晚餐要吃什么而心烦。如果我坚持完美的清洁计划，以后就几乎不需要花任何时间或精力来维

---

① 2017 年 12 月 11 日接受笔者采访。

持一尘不染。如果我的家打理得有条有理，就不会再在家里感到心烦意乱。问题是，完美主义从未履行那些承诺，它只为我们增添了更多的情绪劳动。

成年后的大部分时间，我都在孜孜不倦地寻找纾解精神负荷和情绪劳动的最佳方式。我深入学习育儿书和博客提供的理论与建议，以帮我处理孩子的情绪。我为我们夫妻俩晚上出门约会及休息的时间腾出空当，以维持婚姻的健康发展。我读了许多有关极简主义及家庭打理的文章，甚至可能已经可以在大学开课教大家如何整理衣橱了。我以三十分钟为一个单位来追踪时间的运用，以尽可能地提高我的生产力（说真的，我可以让你看我用来管理时间的电子表格）。我开车时对着手机大喊，叫它提醒我还有哪些待办事项。我总是在寻找那个最佳平衡点，我相信在那点上，这一切努力都会获得回报，并以完美的和平方式呈现。诚如作家格雷琴·鲁宾（Gretchen Rubin）所说的，我在寻找外在的秩序以促成内心的平静①。那是一种毫不费力的情绪劳动，但我开始意识到，也许最终的目的地并不存在。

这不是说我投入情绪劳动的方式没有逻辑或美感。我那套错综复杂的组织系统，我处理冲突的方法，我那严苛的标准，都经过了千锤百炼，以确保我周遭的人感到快乐舒适，但那不是事实的全貌。我之所以用特定的方法来精进那些做法，是因为我一直想要达到一个不可能的标准，而当初说服我相信那套高标准的系统也告诉我，所有的情绪劳动本来就该由我承担。我渴望的生活，以及它在我的情绪劳动中所展现出来的方式，并不是一股内在的驱

---

①鲁宾常在文章中用到"外在井然有序，内在心如止水"这样的说法。

动力。真正驱动我的力量，是一种文化观念：女人理当完美，任何方面不够完美都会让我觉得不够称职。于是，我不断地追求完美，在情绪劳动方面做得愈来愈好。但是我的方法行得通且效果不错，并不表示那就是最好且唯一的方法。

当我给予罗伯空间，让他在没有我的指导下，使周围每个人保持开心舒适时，他确实可以想办法做到。他没有追求完美，也没有自我批评，更不会去想他的方法是不是最好的方法。他的标准不是我的标准，因为从来没有人教他要把家务做到尽善尽美。面对情绪劳动时他毫无包袱：做得够好就够了。虽然在清洁度与及时性方面，我们仍难拿捏一个皆大欢喜的折中标准，但是看到他主动投入情绪劳动，我决定要重新评估我的标准，以判断哪些标准客观来看确实对我们最好，哪些纯粹是我追求完美主义的产物。

我不得不放弃"我的方法永远是最好的方法"这种根深蒂固的信念，否则我们永远无法针对情绪劳动进行必要的对话。我们的对话必须超越个人关系，从文化层面讨论我们为何会陷入这种模式。对话是为了寻求理解，而不是为了"赢得"争论。我们承担的角色都是文化加诸在我们身上的。我们觉得那些角色很合理，是因为我们从小在那种文化中成长。我们需要先了解我们想摒弃的旧文化，才能开创出一种新文化。

女性需要摒弃的，不是贬抑情绪劳动的文化。如果有人重视及赞扬女性付出的情绪劳动，我相信女性肯定会欣然接受，要想改变"情绪劳动不受重视"的现状，男性需要改变他们的观念——女性需要摒弃的，是自己对完美主义的追求，那不仅会导致女性被视为控制狂，也会衍生出"别人做不到我们做的事情"这种错误的说法。这是一种贬低男性、把男性幼稚化的叙述，在这种叙事下，他们顶多只能提供"帮忙"。女性需要意识到，我们的问题远远不只是控制欲层面的，因为我们显然对"要不要减少控制"左右为难，最后又在违背理智的判断下，把一切事情都揽在自己身上。我们明明希望伴侣承担更多的情绪劳动，却一再犹豫并阻挠自己，只因为他们的方式不是我们的方式。他们做得并不完美，永远都不会完美。

只要给予足够的时间和练习，伴侣也可以做我们做的事情。没错，我们做的事情相当累人，但那些事情又不是不可能学会的。只要有逐步的指导，或是快速浏览一下我那个"三十分钟为单位"的时程表，我做的事情罗伯肯定也能做。然而，他不想那样做是有原因的，而且那与懒惰或无能无关。对他来说，我竭力投入情绪劳动的程度是没有意义的。那之所以对我有意义，是因为我仍然坚信我的价值和一些情绪劳动是紧密相连的，例如准备营养均衡的三餐，或不对孩子乱发脾气，或把衣橱整理得井井有条，等等。罗伯只记下必要的事物，但我是记下一切事物。我强撑着检查哪些事情该处理时，通常一件任务会带出另一件任务，然后又带出第三件任务，依此类推，没完没了，就像着了魔似的。我很生气罗伯坐在沙发上，却丝毫没注意到满是灰尘的地板，或浴室镜子上有一小块牙膏渍之类的东西。我的表现仿佛他在那边放松是故意想要激怒我似的，我仿佛在呐喊：看看我正在做的一切！看看我还有很多事情要做！我生气不仅是因为他没有注意到细节，也是因为即使我想要摆脱那些家务，但我似乎就是放不下。有一堆衣服需要叠时，我无法径自坐在沙发上看书。家里乱糟糟时，我很难为工作上的推进产生成就感。如果我想要更善用情绪劳动，就必须改变这些感觉。

我们需要意识到自己总有一股想要把一切事情揽在身上的冲动，那股冲动仍为那个鼓励女性"兼顾一切"的文化所驱动。我们需要质疑"我的方式最好""女性先天就比较擅长情绪劳动"等概念，才能为改变腾出空间。我们知道得越多，就能做得越好；知道我们紧抓着情绪劳动不放的根本原因，才是了解如何改进的关键。既然我们助长了这种失衡的状态，当然也可以化解这种状态，但我们无法靠自己独力完成。

正如女性不该再拿自己和"兼顾一切"那个根本不可能的高标准相比一样，男性也不该用"自己已经算不错了"作为不改变的借口。观念先进的男性很容易环顾四周，就觉得自己是优秀的女权伙伴了，但他们真的算伙伴吗？他们是否特意付出更多的心血去给伴侣"帮忙"，并在迄今为止由伴侣一手打造出来的生活中承担充分且平等的责任？我已经听到有人反驳了："但我做了很多事情！"对此，我不得不反问："真的吗？"你真的有特意付出更多的精力吗？你在没人要求下就主动做那些事情吗？你注意到伴侣为你、为孩子、为你的大家庭、为朋友做的一切吗？你给她的赞美跟你获得的赞美一样多吗？你说你做了很多，那是跟其他的男人相比，还是跟你的伴侣相比？

进步还称不上完美，顶多只比一堆平庸的家伙好，还称不上是女权主义的英雄。没错，你认识的一些爸爸拒绝"临时照看"自己的孩子，那实在很糟糕，但那不表示相较之下你就无可指责或无须改进。

我必须承认，近年来，身处进步两性关系中的男性，他们面对的父亲标准和伴侣标准已大幅提升。我很幸运嫁给了一个不断接受挑战的男人。然而，尽管他不断地跨越重重的男性门槛，他面对情绪劳动的低标准门槛时，还是不免笨手笨脚，这究竟是怎么回事？是哪些误解和偏见阻止了男性担负起跟伴侣对等的情绪劳动吗？

我听过最明显、最普遍的误解是（甚至我在恋爱关系中也遇过），男人认为情绪劳动不是他们的工作。事实上，他们觉得任何家务事都不算他们的工作，而是伴侣的工作，他们只是帮忙而已。即便是最优秀、最有自我意识的男人也难以免俗，因为这种观念在我们的文化中是如此普遍。男性在家中承担的工作量已逐代显著增加，但是男性对这种工作的看法并未以同样的速度往前推进。男人做的家务还是比伴侣少，但他们仍然会觉得自己已经是很特别的伴侣了，因为他们潜意识中认定，那不是他们的分内工作。

这种微妙的厌女心态不见得是有意的，但总是有害的，而且不只对女性有害。罗伯遭到解雇后，我可以明显看出，承担更多的情绪劳动令他沮丧，这不仅仅是因为以成人的身份学习那些技能很难（虽然那也是部分原因），而是他很难从日常投入的劳动中感受到意义，因为他做的那些工作是——我的。那是女性的工作，不是真正的工作，不是有价值的工作。当他告诉我，他觉得自己做的事情不重要时，我不禁勃然大怒。

"你做的事情，跟我多年来做的事情一模一样。你是在养儿育女，维持家里的正常运转。你说那些事情感觉不重要，那就好像在说，这些年来我在家里做你现在做的那些事情一文不值。"

"你知道我不是那个意思。"

"我知道，但是有差别吗？为什么对我来说做那些事情就够了，对你来说却不够？"

"我觉得不够，是因为我应该出去工作。"

"但我们又不需要钱。"

"但我需要工作。"

他不太知道如何用言语表达，但我明白他的意思。身为家庭主妇，在家里从事所有的情绪劳动对我来说就够了，因为那符合我们都熟悉的文化脚本。我也有工作的自由，无论是在家工作或是去上班，这也属于文化可接受的范围（当然，前提是我仍承担所有的情绪劳动）。对他来说，他只有一条路可走：理想的劳工。他理当负起养家糊口的任务，保护家人，因为那是他从小接受的角色设定。一直以来，他的价值都是由有偿工作界定的。少了有偿的工作，他顿时觉得自己在世上漂泊不定，难以确定自我价值。这是他的家，这些是他的孩子，但这种生活是我营造出来的，感觉永远不可能完全属于他。

他需要摆脱"情绪劳动不是他的工作，也不是他的本分"这种观念，才能有信心地承担新的角色。接着，他必须肯定情绪劳动的价值，这种劳务是没有报酬的，而且通常是不被看见的。他还不习惯做一份得不到赞美及认可的工作。他还不习惯在我们的关系中承担责任，而不是当个帮手并期待别人的感激。对他来说，为这个角色承担起责任并不容易，因为那与我们从小被灌输的男女价值相互抵触。想要跳脱那种既定的角色设定，去做社会认为不属于你的工作，需要一种坚定的自我意识。

目前大家普遍认定的男子气概模式并不重视情绪劳动，但改变的时候到了。弗里丹在《第二阶段》中写道："主张美国有一个前卫的新领域、新冒险等着男性似乎很奇怪。在那个新领域中，男性争取完整的关系，坦诚地表达感觉，跟女性平等地生活及分享生活，承担养儿育女的平等责任——那是从妇女运动开始启动的人类解放。与过去的美国英雄不同的是，这个新领域把男人从孤独牛仔的孤立沉默中解放出来。"① 现在是男人参与情绪劳动对话，并在情绪劳动中找到定位和技能的时候了，这样做不仅是为了他们的伴侣，也是为了他们自己。男人更充分地投入生活，而不是直接接受周围的生活，可以为他们带来更多的价值。

十二年前，播客《禅系亲子教养》（*Zen Parenting*）的主播之一托德·亚当斯（Todd Adams）和几个大学好友周末一起去旅行。回来后，他突然意识到了情绪劳动的意义。当他的妻子凯茜问他玩得如何时，他突然发现，他几乎没有什么心得可以跟她分享。他们一行人打高尔夫球，喝啤酒，但整个周末都没有做任何深入的交谈。他可以说那些朋友过得"很棒"，但无法详细描述他们的生活。他并没有以一种有意义的方式来维系他们的友谊。

他说："凯茜和闺蜜出游，两个小时后，她就知道她们的生活中发生了哪些事情。"② 当下他意识到他错过了那种友谊，他也希望能拥有类似妻子那样的友情，所以他创立了一个男性社团，让

---

① Friedan, *The Second Stage*, 159.
② 2018 年 4 月 16 日接受笔者采访。

男性每个月聚在一起好好聊一次。后来那个社团蓬勃发展，最后为他开创了新职业生涯——成为男人的人生导师。

如今，身为一名认证的人生导师，他的工作重点是支持男人发掘适度的男子气概，培养更用心经营的关系。这通常意味着，努力让自己变得足够脆弱，以便深入参与两性关系，更充实也更幸福。他说，这是为什么他的社团中的男性是例外，而不是常态的原因。我们的文化灌输给男性的概念是：脆弱是一种弱点，而不是优点。要坦承脆弱需要很大的信心和勇气，但获得的回报非常值得。

亚当斯说："我告诉那些社团成员：这是你的人生，这是你的孩子，这是你的妻子。你应该挺身而出，忘掉容易受伤的男性自尊。"既然生活中有那么多的东西可以好好享受，为什么你要继续活在表层呢？

不投入情绪劳动的男性，在很多方面就像几十年前的女性，过着不太实在的生活。当你在家中感觉可有可无，没有情感联结，不必对自己的生活负责时，你的价值完全取决于你的职业地位。在我们所知的世界里，你还有什么价值呢？由于社会告诉男性，他们不该展现脆弱及情感联结，许多男性不会去追求女性努力打造的那种全面生活。他们只在乎最重要的事情，因为我们的文化告诉男人，他们的价值与他们是谁无关，而与他们做什么有关。

我们从小到大习惯相信，如果男性和女性都能抵制那种文化的规训，我们可以过得更充实，也可以有更深入的联系，更全面地了解彼此。这里涉及的议题，不只是女性需要把重担分出来。事实上，我不认识任何真的想卸下所有情绪负担的女性，女性并不想与生活的那部分脱节。情绪劳动太重要了，我们不能就此完全放手。我们需要的是让更多人了解及掌握情绪劳动的力量。我们需要的是一个能够充分理解我们生活的伴侣，一个能从理解的角度来跟我们通力合作的伴侣，一个能够平等参与并与我们共同打造生活的伴侣。

第十四章
拥有自己的价值

　　我去内华达州里诺市造访斯蒂芬妮·巴特勒（Stephanie Butler）前，她发了一条消息给我，提醒我她可能外表看起来不太体面，我安慰她说没关系。巴特勒刚生完孩子，我仍清楚记得自己生完孩子后那段蓬头垢面的日子（坦白讲，即便现在，育婴期已经过了，我也常搞得像疯婆子一样。）我抵达她家时，她正坐在沙发上哺喂三周大的儿子。我问她从一个孩子到两个孩子，生活有没有什么变化，她告诉我，老二特别难搞，不停地吐奶，吐到她已经没有干净的胸罩了。她和丈夫买了两个婴儿摇篮，一个放楼上，一个放楼下，但小婴儿都不肯睡，没有人抱他就哭闹，而且他随时都会想吃东西。这段育婴期是二十四小时的劳动，完全剥夺了她的睡眠，尤其他们还有一个四岁的女儿。巴特勒瘫在沙发上，看到婴儿吃完东西终于趴在她的胸口睡着时，她松了一口气。她本来担心我们谈话时婴儿会大哭大闹，她必须不断地安抚他。即使丈夫很快就会回来，这项育儿工作依然落在她身上。[①]

她告诉我："我丈夫不是很爱婴儿的人。"

他期待孩子赶快长大，变得自主，这样一来，他就可以跟他们互动玩耍，但现在他把精力先集中在其他家务上。他下班回家后，不会跟孩子玩耍，也不会从她的怀里抱起孩子，好让她有机会休息一下。巴特勒说，他是以不同的方式在给予她平衡。我造访她家时，她丈夫正好从超市载了满满一车的日用品和食材回家，把东西摆入冰箱，并开始做家务。他负责煮饭，做了很多的清洁工作，巴特勒从来没帮丈夫洗过衣服（他曾在军中服役，对衬衫的折叠方式特别讲究）。虽然巴特勒确实需要指派一些工作给他，例如吸尘和洗厕所，但她丈夫不需要她开口要求就会主动去做一些看得见的表面工作。多数情况下，他会注意到哪些东西需要收拾归位，也会整理床铺，打扫厨房，必要时就把家里整理干净。她丈夫显然不是那种回到家就换上宽松运动裤、开一瓶冰啤酒的类型，但他也不会分担照顾新生儿的沉重情绪劳动。我不太理解巴特勒为何会满意这种安排。

即使她揭露夫妻俩之间的平衡是如何运作的，我还是忍不住想把话题拉回到我们谈话的开始。她告诉我在照顾两个孩子上，她的丈夫几乎不插手时，我的眼睛肯定睁得像铜铃一样大。我费了好一番心力才避免自己脱口说出："但你怎么受得了？"即使有一个全心全意分担育儿重担的伴侣，照顾新生儿也已经够苦了，更何况另一半还完全不插手。当初我要不是偶尔把哭闹的婴儿直接

① 2017 年 11 月 17 日接受笔者采访。

塞入罗伯的怀里，躲进浴室哭泣，我肯定撑不下去。然而，现在我面前的这个女人几乎都是自己完成喂奶、安抚、抱婴儿的任务。尽管巴特勒看起来很累，但她谈到丈夫或承担母职的重担时，语气中没有一丝怨恨。

"这让我觉得自己很重要。"她说，"我做的情绪劳动让我觉得，我为我们的关系贡献了重要的东西。"

她告诉我，她有时会想，万一她死了，丈夫会变成什么样子。她知道，悲伤绝对不是他唯一面对的困难，承担她做的情绪劳动才是沉重负担。我不禁纳闷那种心态是否健康，双方不是都应该知道如何承担这项任务吗？难道我们真的要等到悲剧发生才开始学习那些技能吗？

对她来说，花大量时间照顾孩子，只是他们发挥各自所长的一种方式。她想帮他纾解这种紧凑的育儿负担，因为她更擅长带孩子，也对孩子比较有耐心，更善于细心照顾他们——这无疑是从小接受基督教信仰的美德。她也希望丈夫可以继续负责管控开支、处理保险、洗衣服。她并不打算在夫妻关系中追求情绪劳动的平等。她接受，甚至似乎很喜欢目前的模式。她觉得那是该有的样子，至少对他们来说是如此。

她告诉我第一晚在医院和男婴相处的情景：为了孩子她整晚一直起身下床；给孩子喂奶有多么困难；每次护士来量婴儿的重要数据时，她都必须陪在身边。孩子才刚生下来几个小时，她已经忙得不可开交。在恢复室中如此精疲力竭地照顾新生儿时，她丈夫一度对她说："你真是好妈妈。"她说，就是那样的时刻，让她感受到情绪劳动难以撼动的深刻价值，使她觉得一切辛苦都值了。尽管这种情绪劳动获得肯定的时刻有如凤毛麟角，她从未忘记她做的事情很重要。她说，这也是她不觉得情绪劳动很烦的原因。

那次巴特勒的回答在我脑中盘旋了好几个月。我还是搞不懂为什么她会那样想，为什么她会觉得那样付出无所谓？她清楚看到自己的付出，感受到疲累，却毫无怨言，也不想改变。为什么伴侣不分担情绪劳动（甚至大多数的日子都不抱婴儿）对她来说完全不是问题？

后来，我发现巴特勒不是唯一一个这么想（"我不觉得情绪劳动很烦"）的人。我读到珍妮弗·洛伊丝（Jennifer Lois）的研究时，发现有些女性显然承受了超额的情绪劳动，却一点也不觉得那是负担。她在著作《家里就是学校》（*Home Is Where the School Is*）中采访了数十位让孩子在家自学的母亲。很多母亲不觉得有必要重新平衡夫妻关系中的情绪劳动，即使所有的情绪劳动和家务都由她们承担。洛伊丝解释，原因来自基督教信仰，再加上调整后的预期。"这种母亲观念越保守，越乐于接纳'这就是我当妈该做的''这是我的职责''这是上帝希望我做的'。"洛伊丝告诉我，"基督教信仰帮她们管控压力感。"[①] 她们的情绪劳动背后有一种使命感，再加上她们本来就默认伴侣不会提供帮助，这让她们能够"调整自己的情绪"，使她们觉得情绪劳动不是那么沉重的负担。我不禁想，她们可能从来没想过要在夫妻关系中寻找平衡，又或者，她们知道质疑也没有用，因为她们太了解自己的伴侣了。洛伊丝说，对许多女性来说，"如果你定义母职时，期待自己会有一个平等的伴侣，你注定会失望。"

---

① 2018 年 3 月 15 日接受笔者采访。

我知道她说得没错，我亲耳听见一些女人这么说过。尽管很多女性主动告诉我，我那篇关于情绪劳动的文章帮她们的伴侣了解了她们的世界，但也有很多女性觉得，我的文章把她们在夫妻关系中体会到的孤立感具体化了，因为她们的丈夫拒绝读那篇文章，一如他们拒绝读这本书一样。当伴侣不愿改变时，我们该怎么办？除了我们自己以外，没有人承认我们担负的劳务时，我们该如何前进？

　　我反复思索这些问题。听到那么多女人说，她们的丈夫拒绝承认她们的情绪劳动是真正的工作，她们的故事一直困扰着我。我想到 2015 年 MetaFilter 网站上关于情绪劳动的讨论，里面满屏充斥着女性的哀叹，她们知道伴侣永远不会仔细阅读那些经历，甚至不会想了解。我们都必须从当前自己的处境出发，也必须承认，不是每个人都能获得伴侣的支持，也不是每个人的伴侣都愿意并准备好了要讨论情绪劳动。所以我们该怎么办？面对失衡，我们如何找到满足感？难道我们必须"调整自己的情绪"才能找到平静吗？难道我们非得放下一切不管吗？有没有一个让双方满意的折中点，让你和伴侣对情绪劳动各自抱持不同的看法？

　　坦白讲，当伴侣拒绝分担应尽的劳务时，我也不确定能不能找到真正的平衡。但我确实相信，无论我们的当下处境如何，都有进步的空间，即使伴侣不愿改变，我们也可以永远改变自己。

　　我写《时尚芭莎》那篇文章时，不是在寻找情绪劳动的"解决方案"，也不是想要提供一种解决方案。我只是希望我的情绪劳动获得重视和肯定而已。我想让自己的付出有人看见。那篇文章的每一次分享、收到的每一个"赞"、每一位主动跟我联系的女性，都让我获得了渴望已久的共鸣和理解，最后，我终于在家里获得一样的支持——那也是最重要的地方。

后来我写了一篇后续，谈及我家在情绪劳动方面的改变：我丈夫突然承担起原本一直由我负责的任务，而且完全不需要我开口要求。某天早上我换衣服时，发现我最喜欢的裤子已经叠好放进衣橱，那条裤子不是我洗的、烘的，更不是我叠。我看到冰箱里快喝完的牛奶在我没有要求下已经补货完成，顿时感受到一阵爱意涌上心头。这些任务并不麻烦，体力上的分担可说是微乎其微。这些事情一直以来都是由我负责，大多时候我并不觉得这些任务对我造成了很大的负担。

令我惊讶的不是那些行为本身，而是那些任务对罗伯来说不再是隐形的。我知道，当他开始接手那些原本由我负责的任务时，他终于第一次完整地看到了我的付出。他对我的生活和优先要务有了新的理解。也许打从一开始，我想得到的东西就是这些：我想要有"被看见"的感觉，想要感觉自己是重要的，想要知道每天我做的情绪劳动是有价值的。

但万一我丈夫不是那样的人呢，万一他不仅拒绝承认我的情绪劳动，也拒绝承认这种劳动的存在，那会变成怎样？如果我不是靠写作为生的人，无法借由文字对外表达我的想法，借此疗愈那种希望被看到的伤痛，那会变成什么样子？当我们是唯一看到情绪劳动的人时，我们该如何面对？

我发现我一再回想起那次采访巴特勒的经历。她的观点源自一个非常具体的基督教世界观，但她的话语中有一样东西是我无法忽视的：价值。她接受我的采访时，一再提到这点。尽管她的丈夫从不承担情绪劳动，尽管她是生活在一个不承认情绪劳动很重要的世界里，她从未忘记自己从事的工作深具价值。我花了整本书的篇幅来主张情绪劳动是有价值的，以及我们的伴侣、社会、更广泛的文化都应该重视情绪劳动，但这个等式里还有一个更重要的部分——

我们必须开始重视自己内心的情绪劳动。

没有人承认这项工作有价值，精神负担持续隐于无形，而且这项工作虽然必要却吃力不讨好时，我们必须想办法暂停下来，感谢自己从事的情绪劳动。我们必须坚信这项工作是有价值的，因为若是它毫无价值，我们就不会做了。如果这项工作不是为了让世界继续运转（让家人更紧密地交织在一起，让友谊变得更深厚，让家里变得更有效率，让孩子感觉更舒适），我们就不会做了。认为女性老是浪费时间担心那些无关紧要的事情，这种观点根深蒂固且有害，与事实相去甚远。我们偶尔会太拘泥于细节，但大致上来说，我们之所以关心那些细节，是因为我们知道那些细节会使周围的世界变得更好。

我们之所以投入情绪劳动，是因为我们关心，而且我们关心的事情很重要。这种说法并不会因为下列因素而变：你的伴侣是否记得你叫他为宠物预约兽医；你的伴侣是否帮小孩更换尿布，还是他就坐在沙发上无视孩子身上飘出的异味。你承担情绪劳动时，你带来的价值与他人无关。你自己看到了那份工作，把它承接起来，而且你很重视它。

我们的情绪劳动是一种资产，它让我们深入参与生活，与家庭、孩子、亲友紧密联结。从事情绪劳动不只是为了维系事情的顺利运作而已，它也让一切保持联结，从我们的社交关系到我们的组织系统都紧密相连。情绪劳动技能让我们在任何情况下都能看到全局，帮我们及所爱的人过得踏实安心。情绪劳动不是一种需要逃避的负担，而是一种强大的技能，可以让我们和周遭的人生活得更好。

作家兼快乐专家格雷琴·鲁宾在几本著作及播客《更快乐》（*Happier*）中，谈了很多有关快乐和情绪劳动的交集。她在《幸福哲学书》（*The Happiness Project*）和《幸福断舍离》（*Happier at Home*）中提到的许多习惯的改变，都和承担更多的情绪劳动有关（例如庆祝节日的早餐、为孩子建立纪念档案，等等）。她讨论的每个习惯，几乎都涉及重新界定情绪劳动，以便清楚看到情绪劳动的真正价值。她向读者展示，从事情绪劳动其实可以让生活变得更好，而不是让我们感觉负担更沉重，因为它让我们与生活产生更深入的联结。她通过个人的"快乐"实验，不仅为情绪劳动的价值提出令人信服的论据，也让人觉得那是一种可以让人乐在其中的活动。虽然不是每个人都愿意把更多事情揽在自己身上（例如每周发群邮件给家人，或规划一年一度带公婆出游的假期），对有些人来说，那些关乎亲情的任务确实可以培养更深厚的关系，也可以让自己产生更深刻的幸福感。不过，在我们开始对自己该做（而且还乐在其中）的情绪劳动感到为难之前，应该注意一个重点：重新界定情绪劳动并不是鲁宾扭转乾坤的关键要素。看清我们做的情绪劳动有价值虽然很重要，但清楚知道我们为什么而做才是关键所在。

鲁宾在《比从前更好》（*Better Than before*）中指出，"使清晰明确"是习惯养成的主要策略之一。她说,"重要性的清晰明确"与"行动的清晰明确"是促进改变的两种清晰类型。鲁宾写道:"我对自己重视什么(不是别人重视什么)以及我期待自己怎么做(不是别人期待我怎么做)越清楚,就越有可能坚持那个习惯。"①这番建议不仅适用于习惯的养成,也可以帮我们厘清情绪劳动的轻重缓急。我们做的许多情绪劳动是受制于社会和文化的预期的:社会预期我们帮伴侣收拾残局;预期我们像 20 世纪 50 年代的家庭主妇那样把家里打扫得干干净净,即使我们还有全职的工作;预期我们寄送圣诞卡,即使我们根本不在乎那种东西;预期我们追踪每个人的行程表,而不是预期每个人各自独立及分担责任;预期我们符合不可能达到的标准,更糟的是,我们还把这些根本不合理的预期予以内化。我们没有考虑到真正的缓急,就期望自己达成这些不可能的任务。重视情绪劳动的同时,也需要为情绪劳动设定一个界线,而不是照单全收。

无论如何,情绪劳动都是必要的,要么被它压到崩溃,要么腾出时间来确定轻重缓急,我会建议大家选择后者。你承担了太多的情绪劳动,伴侣又不愿意跟你讨论情绪劳动时,你可以跟自己谈谈,自问哪一部分的情绪劳动真的对你有益,哪一部分对你无益。你打造的组织系统中,哪部分是为了追求完美,哪部分是真的对你和周遭的人有利?你想放弃哪些情绪劳动?放着那些事情不做会发生什么?你想把哪些事情列为优先要务?找出"重要性的清

---

① Gretchen Rubin, *Better Than Before: What I Learned About Making and Breaking Habits to Sleep More, Quit Sugar, Procrastinate Less, and Generally Build a Happier Life* (New York: Random House, 2015), 223.

晰明确"及"行动的清晰明确"的交集所在，好让你从事的情绪劳动发挥最大的效用。没有人可以兼顾一切，但我们可以选择最在乎的事情，把那些事情做好。你没有必要帮伴侣预约看牙，你也没有必要时时提醒每个人该做什么。即使你从小到大都在接受情绪劳动的训练，你也没必要把每个人的责任都当成自己的。

布琳·布朗（Brené Brown）在《欧普拉》杂志中撰文指出："勇于设定底线，就是勇于爱自己，即便冒着会令人失望的风险。"[1]那种风险，尤其涉及情绪劳动时，是非常真实的。当周遭的人无法再依靠你来维持生活的舒适时，他们可能会失望。然而，如果你真的重视你的情绪劳动，你会接受那一点风险，优先考虑自己。那样做不是出于恶意，因为设定底线并不是为了惩罚那些没尽本分的人，而是为了你自己着想，那是为了确保你以符合个人价值观和优先级的方式来运用你的时间、心神、情绪。情绪劳动的施展总是服务于某个目的，但不见得总服务于你。

我们不仅要看到情绪劳动的价值，也要用行动来表现我们对情绪劳动的重视，包括设定严格的界限，确保情绪劳动不会把我们压到喘不过气来、不会使我们遭到轻视或利用。这么做主要是为了我们自己的健康和幸福，但我也觉得，重视自己的情绪劳动可以为我们本来认为不可能的改变奠定基础。即使他人认为情绪劳动不是工作，放开那些责任也有可能改变局势。当别人意识到他不能依靠你来满足情绪劳动的需求时，他就不得不找出自己的优先级。他必须自己承接起那份工作，或是忍受没人提供情绪劳动的生活。我不是建议大家把这招当成报复手段，好像在说"我要

---

[1] Brené Brown, "3 Ways to Set Boundaries," *O, The Oprah Magazine*, September 2013.

让你看看情绪劳动有多累人"似的，我们只是为了留足余地，以便用我们的方式来恢复平衡。

我们需要留足余地，让男人和女人都能体验情绪劳动的力量和价值。我们可能以为自己的事无巨细是一种爱的表现（事实通常如此），但也剥夺了我们的所爱为自己的生活充分承担责任的机会。他们需要打造自己的系统，建立自己的情感联结，确立自己的轻重缓急，而不是在别人打造的生活中游走。我们不该再把自己塑造成牺牲者，而应该开始设定界限，不再让情绪劳动压垮我们，要善用那些技能，把生活过得更充实。虽然我们常把情绪劳动视为纯粹服务他人的活动，我们也可以利用那种技能，把自己照顾得更好。我们可以自问："什么事情可以让我感到舒适快乐？"就好像我们有意和无意间为他人所做的那样。你可以规划放松活动，为你喜欢的活动腾出时间，投入平等的关系（你知道你付出的情绪劳动和得到的一样多），规划为你带来快乐、培养感情的节庆派对（但是，如果规划派对让你觉得压力很大，也许你应该放弃一些完美主义）。我们可以把想要从事的情绪劳动列为优先要务，舍弃那些对我们无益的劳动。我们不仅可以在个人生活中这么做，面对外在世界也可以这样做。我们可以在职场上运用情绪劳动的技能，而不是让主流文化告诉我们，我们的方式不是最好的。注重细节让我们更有优势，指派任务是我们的强项。我们观看全局时，把每个人的舒适和幸福牢记心中，可以激发创新力。如果其他人无法看到其中的价值，那是他们的损失。但是对我们而言，我们应该在了解那些情绪劳动价值的前提下迈向未来，你必须确切知道情绪劳动会在何时何地对我们及所爱的人最有益。

第十五章

持续寻找平衡

这本书的写作推进一天比一天顺利，但我丈夫的求职却遇到瓶颈。他花了无数小时应聘，但直到年底都没有一家公司肯录用他。看来角色对调的时候到了，我明确地告诉他这点。我已经准备好"交换岗位"了：这次我即将扮演理想劳工的角色，换他来承担情绪劳动。我解释，我工作的时候，若是看到家里一团乱，我无法假装视而不见或不在乎。知道餐桌上有一堆未知的恐怖东西等着我时，我就无法冷静地写作。一想到忙完工作，还有家务等着我处理，我会倍感压力。工作到一半，他走进来跟我讨论三餐吃什么或问我接下来该做什么，我也没办法搁下工作跟他讨论。我需要他做一些真正的情绪劳动，即不必我指导及指派，就自己搞清楚要做什么。这项学习任务十分艰巨，但我们都知道他已经准备好了。

我们前面提到过，他在承接情绪劳动方面表现得很优异。不

248

必我持续事事追踪，他就找到了自信，开始觉得自己能胜任那个新角色。我依然会问他是否检查过这个或那个了，但连续几周他都回答"检查过了"，于是我不再担心他需要我的指导，而是专心去做自己的事。罗伯变成家里唯一负责检查家庭作业、帮孩子打包午餐、规划三餐、确保孩子都收好东西（他也收好东西）的人。我累昏头时，他负责写完四十张圣诞贺卡。整个月的大部分时间，他都是唯一负责打电话及发消息给他爸妈的人。他也会提醒我行程表上的重要活动，即使表格就挂在我桌前几尺的墙上。我本来没有打算把那么多事情都交给他，但这一切自然而然就发生了。我结束工作时，常倒在沙发上读更多的研究类书籍，罗伯则负责做饭及饭后的清洁整理。

接着某天下午我休息时注意到，他的心思似乎飘到了很远的地方。他的身体坐在那里，但魂不知道飘到哪里去了。我好像知道哪里出了问题，可能是求职不顺利，或是他正在面临身份认同危机。但我开口问他怎么了，他的回答完全不是那么一回事。

"我觉得有些事情是我需要做的，但我忘了，怎么也想不起来。"

他把女儿连同刚洗好的小被单一起送到托儿所，帮儿子打包了午餐和零食，洗了衣服，打扫了房间，忙了半天刚好可以坐下来喘口气。其实他没有忘记什么事情，至少没忘记什么重要的事，但他确实有精神负担，所以才无法清醒地思考，我太了解那种感觉了：那是一种挥之不去的感觉，觉得自己不能稍微坐下来或休息片刻，因为感觉总是有事情需要完成。当你是家中唯一一个负责精神负担的人时，你会一直焦虑不安，害怕遗漏了什么，因为你为了确保万无一失已经筋疲力尽了。这种焦虑对我来说并不陌生，但是发生在罗伯而不是我身上，却让我大开眼界。我不希望我们任何一个人陷入这种状态。当我检视我们当下的处境时，我是完全投入工作，其他事情都不做，我也觉得自己好像跟生活脱节了。当我只专注于工作，放开对其他事情的掌控时，大多时候我感到的是烦躁，不开心。当我不做任何情绪劳动时，有一种明显的空虚感，我的生活似乎不再圆满及完整。我们两人的生活方式都无法让我们感到满足。

弗里丹在《第二阶段》中写道："现在男性和女性一起分担工作和家庭责任，而不是以我们对一方职责的幻想来取代另一方职责的沉闷现实。这需要通过不断的试错，才能找到切实可行及真正的折中点。"[①] 换句话说，我们需要下很大的功夫，才能摆脱"对方比较轻松"的幻想，好好地把自己的本分做好。我们必须通过试错来平衡双方的情绪劳动；我们需要了解，无论我们的意愿多么明确，都不太可能第一次就找到最合适的平衡点。理论上我知道这个道理，但落到实践时，我仍在摸索。

尝试，犯错，重新开始。

完全放手有时确实挺诱人的，有时甚至是必要的，但长远来看并不是很好的解决方法。那只是以一种扭曲的失衡取代另一种失衡罢了。我再次采访《放胆休息》的作者布罗迪时（她完全放弃了情绪劳动），她告诉我，后来她确实重新拾回了部分的情绪劳动，但并不是因为她迫不得已，而是因为她发现自己很怀念部分情绪劳动。她怀念与家人和朋友的联系，怀念和家人一起安排生活的

---

① Friedan, *The Second Stage*, 147.

满足感。过着你没有参与打造的生活虽然很容易，但没有成就感。布罗迪为了写书而完全放弃对生活的掌控两年，她那种完全放手的方式也不适合胆小的人。那是多数人不想尝试的方法，她对我说："你必须接受事情放着没人做也没关系。"那种态度无法引起多数女性的共鸣。① 我之所以能够放手，唯一的原因是我现在对罗伯的能力有信心，我知道事情一定会有人做，我也知道我会接起他遗忘的事情。我花了那么久的时间才打造出这样的生活，不想放任一切自生自灭。

不过，布罗迪有一点确实令我很羡慕：彻底摆脱全家"领航员"的职务两年后，她清楚知道自己想重拾哪些情绪劳动。她笑着对我说："我不再坚持高标准了。"她已经不再凡事都插手，也不再担心细节。她把一切都放下以后，现在只在乎优先要务。她知道哪些情绪劳动值得她投入时间和精力，知道哪些情绪劳动对她来说很重要。谈及罢工后的生活时她说道："我不会为了做而做，我只愿意为了对我重要的事情特别花心思。"她决定恢复每年一度的光明节（Hanukkah）派对，并在儿子踢完足球赛后打开家门举办聚会。她重视那些可以建立联结和对话的事情，并把精力放在那些活动上。她觉得当初要不是有一阵子放弃了所有的情绪劳动，她不会有那么清晰明确的认知。

但谁说你一定要先放弃一切，才知道自己的优先要务是什么呢？多数人没有兴趣彻底摆脱所有的情绪劳动，但那不表示我们无法重新评估轻重缓急并找到更好的平衡。危机或突然的改变可以带给你清晰明确的认知，但你不必经过那样的震撼教育也可以

---

① 2017 年 12 月 1 日接受笔者采访。

厘清思绪，你只需要知道你在寻找什么就行了。你必须搞清楚什么事情对你来说真的重要，并把那些情绪劳动的解题技能应用在自己的身上。

我问《放手》的作者杜芙，为什么她会那么清楚地知道自己的使命、优先要务和自我意识，她是怎么办到的。她回答道："你一定有时间可以找出亟待做的事情。你可以把时间花在承受压力、感到愤怒、自我灌输非常负面的想法上，也可以决定你想要不同的生活，你想为自己创造一种新的生活。归根结底，放手最难的部分在于你自己的决定。"你必须决定留住什么，放弃什么；你必须决定什么是值得的。我从来没遇到过像杜芙那样了解自己及个人使命的人。如果你问她，她的优先要务是什么，她会毫不犹豫地告诉你：提升女性的地位，培养理智的全球公民，与配偶培养良好的伴侣关系。她说，一旦你清楚知道什么对你最重要以后，就很容易判断什么该做、什么不该做了。她就是活生生的例子。她处理情绪劳动时，只用一个问题来帮她判断是否值得——"这是情绪劳动的最佳运用吗？"这个问题比自问"这值得我花时间吗？"更好。遇到模棱两可的状态时，女性很容易说服自己那件事值得花时间去做，因为女性常常会低估自己的时间和技能。2014年巴布森学院的一项研究发现，即使女性企业家负责发放薪酬，与同样从高盛小企业课程结业的男性企业家相比，她们付给自己的薪酬只有男性的80%。[1] 类似的研究一再得出同样的结论，女性难

---

[1] Lisa Evans, "Why Are Women Entrepreneurs Paying Themselves Less Than They Deserve?," *Fast Company*, March 17, 2014, https://www.fastcompany.com/3027709/why-are-women-entrepreneurs-paying-themselves-less-than-they-deserve.

以评价自己的时间和技能，因为社会总是低估女性的时间和技能。这也是为什么如果我们真的希望情绪劳动对我们有利，我们必须清楚了解我们的优先要务，以及怎样运用时间才最好。

当然，每个人的情况都不一样，因此对于"什么样的关系才算公平合理的关系"也会有各自的想法。即使是处境相似，在拿捏情绪劳动的平衡时，每个人的理想状态也不一样。没有一个放诸四海皆准的完美公式可以同时适用于双薪无子的家庭、一个全职工作的家长配一个全职在家的家长、单亲家长、全职的自由工作者搭配兼职的伴侣，或其他的伴侣组合。由于没有单一公式，所以也没有单一形式的对话可以改变当前的动态。我们需要投入时间，不断地调整及试错，才能找到最适合自己的方法。所以，当务之急是清楚了解自我意识及优先要务。

我知道陪伴家人是我的优先要务，这也是为什么我会花那么多的心血让生活变得更简洁顺利。工作也是如此，生活过得越有效率，日子就会越充实，至少我的完美主义是这么告诉我的。至于罗伯的标准呢？他的标准是以"必要"和"方便"为基础（这比一些男人好，有些男人似乎毫无标准可言）。普通的混乱似乎从来不会令他心烦，却可以彻底破坏我的心情。不用说，我俩的理想有很大的差距。尽管目前我的标准是源自一种无法持久的完美主义模式，但再多的自我认知，也无法帮我克服凌乱房子带来的巨大压力。我们需要找到一个统一的标准，以能够让双方产生共鸣的方式来相互妥协，从而找到一个可实现的平衡点。

有一大群人（坦白讲是男人）认为统一的标准根本不存在。"我有我的标准，你有你的标准。如果你受不了我的标准，那你就多花一点力气把一切打理到你的标准，不然就忍着点。你受不了杂乱又不是我的错。杂乱又没有伤害到谁，干净只是你个人的偏好，凭什么要我采用你的标准？为什么我非改变不可？"这种辩解我听过无数次了，这无疑是在说：问题不是我不主动积极，而是你的标准有问题。

我在前面提过，这种辩解相当残酷。这就等同于在主张一个人要么承受痛苦，不然就投入过多的心力，把事情做到自己想要的标准，只因为另一个人懒得妥协。那表示我们为了让每个人都舒适快乐付出的努力毫无价值，我们创造出来的标准毫无意义。那种说法意味着，我们的标准不重要；我们的感觉不重要；我们的劳动不重要。当我们的身份几乎都是由情绪劳动定义时，那样的辩解意味着你根本不重要。

这也是为什么情绪劳动是一个充满伤害与怨恨的雷区。一个人的武断标准，很可能关乎另一个人的生死存亡。当伴侣不理解我们为什么要做情绪劳动时，双方就会产生明显的脱节。情绪劳动不只是我们维持生活顺利进行的方式，也是我们努力追寻幸福的方式。女性追求高标准不光只是因为秉持完美主义，而是为了追求自由。我们之所以会陷入跟人比较的游戏，感受到"兼顾一切"的压力，尝试书中建议的每个整理妙方，是因为有人在引导我们相信，在不远的转弯处我们会找到平静，找到幸福，找到终于可以帮我们纾解疲惫的生活窍门，因为我们不相信我们可以从伴侣关系中找到那种解脱。

然而采访数百名女性，又看到我自己的婚姻关系出现动态变化后，我终于看清了完美主义兜售的谎言。完美主义打造了一个高台，它仿佛在告诉我：只要抵达那里，我就可以照顾周围每个人，使他们感到舒适快乐，又不会把自己搞到精疲力竭，但是那种高台根本不存在，没有人能抵达那里。我们可以评估情绪劳动的哪些部分本质上对我们来说是重要的，自问哪些才是真正的优先要务，不是外界为我们预先设定的，而是我们内心真正在乎的。接着，我们就可以做自己最擅长的事，并根据那些优先要务来重新安排生活，注意细节，不是为了别人，而是为了自己。我们可以借由设定界限，对自己负责，与志同道合的朋友（尤其是伴侣）共处，以找到梦寐以求的解脱。

我为《时尚芭莎》写了那篇文章并与罗伯分享时，实际是想划清界限。我想说的是，如果他不为我们共同的生活承担起应负的责任，我们是无法继续走下去的。那番话讲得非常坦白，令人不安，也难以启齿，要把那些说出口甚至比每几个月就为了情绪劳动而大吵一架还困难。落实对我们两人都有效的共有标准，意味着我们双方都必须参与，一起努力克服各自的障碍。我必须面对我的完美主义、控制欲，以及把我的价值与情绪劳动的能力绑在一起的社会规训。他不得不第一次学习这些技能，面对他长期忽视情绪劳动而无意间伤害我的事实，面对那个告诉他"情绪劳动不关他的事"的社会规训。那是很大的工程，我们必须一起思考很多事情，例如怎样处理洗衣问题最好、怎样化解孩子的情绪崩溃。

说实话，我到现在还不确定我们是否能达成百分之百的共识。我无法为了找出完美的妥协方案而提出一套万无一失的四步走计划，尽管我们已经找到了一套适合我们的共享标准，对我来说，我俩想找到共同的目标也比多数人来得容易。罗伯积极地想承接我在家做的劳动，并问我哪些事情令我心烦（我怎么会从来没说过料理台上的杂物多让人抓狂？）。他为了我们的关系而全力投入，这其中当然也包括努力把我的标准视为他的标准。虽然他不完美，但他已经做得够好了，所以我不得不压抑我那完美主义的冲动，不再告诉他"你做错了"或"你可以做得更好"。我必须不断地压抑内心那个想鼓励他追求完美的冲动，压抑那个希望他跟我一样努力追求目标的冲动，因为那种高标准只有我自己知道怎么做。

我越是放弃完美主义，我们两人从中受益越多。我终于有时间和心力去享受家庭和工作了，因为我不再执着于掌控一切。罗伯也有足够的空间真正地投入情绪劳动，不必担心我老是在一旁监督和指手画脚。分担情绪劳动有时比我愿意承认的还要困难，我们会互相妨碍，不见得总是意见一致。但是当我们弄清楚我俩之间的平衡是什么样子时，我们也产生了更多的共鸣。我们从不同的理解点出发，但终于朝着同样的方向迈进。

罗伯承担更多的情绪劳动时，我变得更快乐，更满意我们的关系，这也让他更容易坚持下去。当我们都很快乐、共同承担生活中的责任时，情绪劳动不再是累赘。事实上，我们都乐在其中，因为一起做情绪劳动让我们感觉跟彼此更合拍，也获得了更多的理解。我们不再回避谈论什么事情行得通，什么事情行不通，因为在情绪劳动方面，我们不再像以前那样计较谁做得比较多。当我们的目的是找出共同的责任和标准时，我们可以信任彼此都肩负起了本分并互相学习。

我们之所以能真正达到双方都觉得舒适的平衡点，是因为我们为了了解彼此而做了必要的工作。我们观察彼此的生活经历时，主动积极地锻炼同理心。我开诚布公地对罗伯描述我的生活经历时，他专心地聆听并不再辩解，而是开始共情和理解，并自然而然地转化为行动。他给了我真正想要的东西：不是叠得整整齐齐的毛巾或干净的料理台（原本我以为这是我想要的），而是变成真正"看见我"的伴侣。

播客《禅系亲子教养》的另一位主播凯茜·亚当斯（Cathy Adams）说，无论讨论哪个议题，"说到底，我们真正想要的是有人对我们说：'我看见你、听到你了，我知道你在做什么。'"[①] 我们渴望伴侣意识到我们的情绪劳动，归根结底是因为我们渴望建立一种更深刻的联结。我们希望伴侣肯定及了解这些劳动，让我们感受到爱。

然而，通力合作的伙伴关系并非只来自男人一方的理解和行动，女性也必须看到伴侣，不仅要看到他们目前做的事情，也要看到他们在情绪劳动领域的潜力。男性在家庭方面尚未达到完全的平等，而且他们从小接触的文化阻碍了他们在家庭方面追求这些。即使是那些想挺身追求平等的男人，也可能会因为害怕做错事或说错话而迟迟不敢行动。女人已经习惯了在每次男人做得不完美时夺回主导权，以便以自己的方式完成任务，所以女性也成了阻碍男性在家中追求平等地位的帮凶。我们需要创造出一个空间，一个不仅包容错误，也允许男人找到他们从事情绪劳动的方法的空间，那些方法可能很聪明，也可能是我们永远都意想不到的。男性也有权享有身为完整人类的机会，也有权自己发现情绪劳动

① 2018 年 4 月 16 日接受笔者采访。

257

的价值。

就很多方面来说，情绪劳动是女性在这个限制我们权力的世界中，唯一掌握控制权的堡垒。但是为掌握控制权而紧抓着情绪劳动不放，并不是办法。我们以为自己从完美主义中获益良多，但实际上我们获得的并没有想象中那么多，男人也没有因此而受惠。男人若要充分参与生活，打破许多固有观念——例如男人无法付出关怀，无法展现脆弱，无法直觉应变，缺乏条理，不善于情绪劳动，等等——他们对于自己的家庭角色需要先有自信，不受女性把关的限制。我们需要打破那些阻止男人充分享受工作生活、个人生活、家庭生活的老套说法。就像职场仍需要更多的女性技能一样，家中也需要更多的男性技能和创新。女性不能紧握着掌控权，并期待周遭每个人都调整自我来适应我们，我们需要一起努力，找出让男性和女性都能善用情绪劳动的新方法。

我与罗伯一起追求家中情绪劳动的平等时，大开眼界。他给我坚信不疑的很多事情带来了新视角，例如我原本深信我天生比较擅长情绪劳动，我永远无法放开掌控，我总是知道让我们家舒适幸福的最好及唯一方法。另一方面，他也因此体会到深入参与的快乐。他在我们的家庭和生活中跟我一样有获得感，那是他以前从未体验过的。他知道为自己的生活负责是什么意思，那帮他重新界定了他如何看待男子气概及决定自我价值的方式。他可以从生活的各方面汲取价值，因为他生活的所有部分终于都属于他了，他在家中、婚姻中、家庭生活中、友谊中不再只是配角，而是更充分投入的主角。他更充分地投入生活后，我的生活变得更自在了。这样的平衡并不完美（我猜永远不可能达到完美），但我发现，完美不再是一个值得追求的目标。相反地，我们拥有的是进步，一种真正的平等感。这两点给了我希望，我不仅对我们的关系充满希望，也对未来充满希望。

我们为自己、为彼此所获得的一切，完全值得我们去努力，就这么简单。而且我知道，这段历程不会随着我们达到这个境界而结束。我看到儿子和女儿时，我知道他们第一次看到我们在家里真正实现了平等，他们不会感觉到或看到怨恨日复一日、年复一年地累积，他们以后也不会承接那些对他们毫无助益的老旧性别角色。他们不会学到"斤斤计较谁付出较多"的思维，而是看到我们公开地付出情绪劳动，也自在地接受情绪劳动。他们会看到我们以对等的方式，感谢彼此的付出。那将变成他们生活中的常态，塑造他们看待自我的方式及看待世界的方式。

我开始研究情绪劳动时，最令我震惊的一点是，这件事情竟然没有代际分隔。我的母亲经历过这个问题，就像我外婆也经历过一样，她们的经历也跟我和我的友人一样。情绪劳动的失衡潜伏在我们的生活中，横跨了各种界线，它跟我知道的任何社会现象都不一样。它不像家务分工，我们可以轻易发现并做出改正。情绪劳动的无形性使它变得格外棘手，直到现在我们才意识到问题的存在。

一个东西你看不见它时，你很难为之奋斗。但如今我们终于睁开了被蒙蔽的双眼，看到了情绪劳动及其广泛蔓延开来的分支，以及它与生活紧密交织的各种方式。我们看到它如何阻碍了我们前进，也看到了它如何使我们受益。现在我有信心了，我们可以把自己最擅长的事情做好。我们将评估情绪劳动中庞大又复杂的

259

问题，小心地把每个部分连接起来。我们将量身打造一个适合自己的解决方案，满怀信心地继续前进。

以后我们的子女不会知道我们为了情绪劳动而产生的纠结，他们会比我们更了解情绪劳动，也会做得更好。这项劳动不需要隐于无形，也不再是不被看见的。将来它会像我们这一代成长过程中习以为常的"平等"那样（拜以前的女权主义者奋斗所赐），变得稀松平常。我们，可以努力改变生活中情绪劳动的失衡，我们的孩子可以改变外界的情绪劳动失衡。

我们将在历史中清晰地画上一条界线——情绪劳动的代际分隔从这一代开始。

致　谢

　　这本书的出版过程中，我前所未有地收获了大家的帮助和爱。需要感谢的人很多，非常感谢每位帮本书出版上市的人。

　　谢谢优秀的经纪人约翰·马斯（John Maas）。在撰写本书的过程中，他一直是我的精神支柱，也是最强而有力的支持者，平静地接听我的焦虑电话。此外，也感谢整个斯德霖·洛德文学经纪公司（Sterling Lord Literistic），包括西莉斯特·法恩（Celeste Fine）、贾德雷·布拉德迪克斯（Jaidree Braddix）、安娜·佩特科维奇（Anna Petkovich）、丹妮尔·布科夫斯基（Danielle Bukowski）等人，他们在整个过程中一直包容我提出无尽的问题。

　　感谢编辑莉比·埃德尔森（Libby Edelson）相信这本书，并使它变得更好。感谢整个 HarperOne 团队，包括朱迪丝·柯尔（Judith Curr）、梅琳达·马林（Melinda Mullin）、珍妮弗·詹森（Jennifer Jensen）、拉伊娜·阿德勒（Laina Adler）、吉迪恩·韦尔（Gideon Weil）、伊娃·埃弗里（Eva Avery）、苏珊娜·奎斯特（Suzanne

Quist），他们从一开始就一直热情地支持我。

当然，如果没有《时尚芭莎》那篇文章《女人不是唠叨——我们只是受够了》，这本书永远不会有机会问世。感谢宾德斯（Binders）给我灵感、鼓励，以及必要的建议，让我的写作生涯可以发展到现在这般。感谢奥利维娅·弗莱明（Olvia Fleming）终于给了我一次机会。特别感谢所有阅读及分享那篇文章的人，因为有你们在网络上的热烈回应，这本书才有出版的机会。

感谢海蒂·奥兰（Heidi Oran）在我的写作生涯和现实生活起起落落时，总是在一旁支持我。感谢米歇尔·霍顿（Michelle Horton），要是没有她，我老早就放弃写作了。感谢所有的 EM 写作伙伴：玛丽·索尔（Mary Sauer）、凯莉·伯奇（Kelly Burch）、玛吉·埃思里奇（Maggie Ethridge）、乔尼·布鲁西（Chaunie Brusie）、萨尔瓦多（DeAndrea Salvador）、格雷琴·博西奥（Gretchen Bossio）、劳伦·哈特曼（Lauren Hartmann）、布里安娜·米德（Briana Meade）、克里斯特尔·阿塞韦多（Kristel Acevedo）、埃米莉·林根费尔瑟（Emily Lingenfelser）、杰茜卡·莱蒙斯（Jessica Lemmons）、凯蒂·法齐奥（Katie Fazio）、克里沙恩·布里斯科（Krishann Briscoe）、埃琳·赫格尔（Erin Heger）、玛丽亚·托卡（Maria Toca）、凯蒂·安妮（Katie Anne）、安迪·墨菲（Andie Murphy），以及在过程中随时提供支持、同情、赞美的人。

感谢梅拉妮·佩里什（Melanie Perish）为我做的一切，从试读初稿到帮我把婴儿尿布及做好的餐点送到我家。若是没有你这个好朋友，我的写作生涯根本无法持续。感谢诗词和作家群组的其他成员，尤其是玛丽·诺克（Mary Nork）总是费心让大家聚在一起。

感谢乔·克劳利（Joe Crowley），我真希望当初早点告诉你这本书的消息，我们都非常想念你。

感谢克里斯·科克（Chris Coake）从以前我自己剪刘海、戴飞行员皮帽的时期，就一直指导我。谢谢你让我成为更好的作家，并应对我不断变化的尴尬表现。至于你硬要跟我讨论我从未考虑过的作家末日前景（亦即走红后随之而来的抑郁症，以及男性可能会因为我的女权主义写作而想杀我，等等），我只能说我心领了。感谢塞思·博伊德（Seth Boyd）在创意非虚构写作上的鼓励，让我坚定地走上这条路。

感谢我的母亲和外婆，不仅因为她们不经意地培养出一位女权主义作家，也因为她们帮我看顾那几个调皮捣蛋的孩子，让我得以完成这本书。感谢父亲灌输我强烈的职业道德观，以及对我的能力持有无限的信心。感谢所有的家人，谢谢你们支持我写完这本书。这本书是你们爱的证明。

感谢曼迪（Mandy）的耐心。

感谢妮科尔（Nicole）的指引。

感谢每一位跟我一边吃饭、喝酒、开长途，一边跟我谈情绪劳动的朋友：杰德（Jade）、杰米·凯特（Jamie Kate）、卡丽（Karie）、亚历克西丝（Alexis）、玛丽亚（Maria）、莎娜（Shana）、曼迪（Mandy）。感谢雷玛（Reema），我们的故事和生活总是以多种方式紧密相连，对此我永远感念在心。

最后也感谢我的伴侣罗伯，他打从一开始就给予本书充分热情的支持。感谢你让我毫无保留地分享我们的故事，专业地承担起情绪劳动，而且始终对成长及改变抱持开放的心态。爱你。